普通化学实验

主 编 童 辉

U0343915

武汉理工大学出版社
·武 汉·

内容简介

本书包括普通化学实验的基础知识、化学试验的基本仪器与操作技术、化学平衡实验、元素化学性质实验、分析与测试实验、物质制备实验等内容。实验项目包括基本型、综合设计型和研究创新型三大类型。

本书可作为高等院校非(近)化学专业学生的普通化学实验教材,也可供从事化学实验室工作的人员参考。

图书在版编目(CIP)数据

普通化学实验 / 童辉主编.—武汉:武汉理工大学出版社,2022.12
ISBN 978-7-5629-6753-8

Ⅰ.① 普…　Ⅱ.① 童…　Ⅲ.①化学实验　Ⅳ.①O6-3

中国版本图书馆 CIP 数据核字(2022)第 237484 号

项目负责人:陈军东　彭佳佳
责 任 编 辑:彭佳佳
责 任 校 对:余士龙
排 版 设 计:正风图文
出 版 发 行:武汉理工大学出版社
社　　　　址:武汉市洪山区珞狮路 122 号
邮　　　　编:430070
网　　　　址:http://www.wutp.com.cn
经　　　　销:各地新华书店
印　　　　刷:荆州市精彩印刷有限公司
开　　　　本:787×1092　1/16
印　　　　张:6.5
字　　　　数:160 千字
版　　　　次:2022 年 12 月第 1 版
印　　　　次:2022 年 12 月第 1 次印刷
定　　　　价:28.00 元

前　言

化学是一门以实验为基础的科学。"普通化学"是面向大学理、工科专业的公共基础课。本教材是"普通化学"的配套实验教材。普通化实验的主要任务是通过实验教学,使学生掌握化学的基础知识、基本理论和实验基本技能,培养学生观察、归纳、判断、书面表达能力以及独立的操作能力、实事求是的科学态度、严谨的学习方法。

全书实验内容包括基本操作、化学原理、元素化学、分离与分析测试、制备与提纯、胶体化学等。实验项目包括基本型、综合设计型和研究创新型三大类型,由浅入深,充分体现了 21 世纪高等教育"厚基础、宽口径、高素质、强能力"的基本精神。

本教材由童辉、谢征、马会茹担任主编,全书由童辉统稿,谢征和马会茹校对。

由于编者水平有限,书中错误在所难免,欢迎读者批评指正。

编者
2022 年 10 月

目　　录

第1章 化学实验的基础知识

1.1 化学实验室守则

（1）充分预习，按时进行实验。

（2）遵守实验室纪律和各项规章制度，保持安静，集中精力，认真操作。实验中不得擅离实验岗位，出了问题及时报告。

（3）药品要按规定量取用，勿使其撒落、流失，注意节约。对于规定回收的药品，使用后应倒入回收瓶中。

（4）每人只应取用自己的仪器，公用仪器和试剂瓶等用毕应立即放回原处，不得随意乱摆乱放。

（5）随时保持工作区域的整洁。每人准备一个废品杯，实验中的废纸、火柴梗和碎玻璃等应随时放入废品杯中，待实验结束后，集中倒入垃圾桶。酸性废液应倒入废液缸。

（6）爱护公物，注意节约水、电和煤气。

（7）增强环境保护意识，努力减轻环境污染。

（8）使用精密仪器时，必须严格按操作规程进行操作，细心谨慎，避免粗枝大叶而损坏仪器。如发现仪器有故障，应立即停止使用，报告指导老师，及时排除故障。

（9）实验完成后，清洗用过的仪器，擦净实验台和试剂架，整理好仪器、药品，放回规定的位置，关好电门、水龙头和煤气阀。

（10）轮流值日。值日生检查并再次整理公用仪器、药品，打扫实验室卫生，清倒废物，保持实验室里面上至人立地时手能触及之处、下至地面等处的整洁，最后检查水龙头、煤气阀、门、窗是否关紧，电闸是否已经关掉，待教师检查合格后方可离去。

1.2 化学实验室安全规则与意外事故处理方法

1. 化学实验室安全规则

（1）必须了解实验环境，熟悉水、电、煤气阀门及消防用品的位置和使用方法。

（2）不用湿的手、物接触电源。水、电、煤气用后立即关闭。点燃的火柴用后立即熄灭，不得乱扔。

（3）严禁在实验室内饮食、吸烟，或把食具带入实验室。实验完毕，必须洗净双手。

（4）洗液、浓酸、浓碱等具有强烈的腐蚀性，使用时应特别注意。

（5）可能产生有刺激性或有毒气体（如 H_2S、HF、Cl_2、CO、NO_2、SO_2 等）的实验必须在通风橱内进行。嗅闻气体时，应用手将逸出容器的气体慢慢扇向自己的鼻孔，不能将鼻孔直接对着容器口。

（6）为避免液体溅出伤人，加热试管时，不要将试管口对着自己或他人；不要俯视正在加热、浓缩的液体；稀释酸、碱（特别是浓 H_2SO_4）时，应将它们慢慢注入水中，并不断搅拌。

（7）在了解物质化学性质之前，不得随意混合各种化学药品，以免发生意外事故。

（8）使用易燃、易爆的化学品，如氢气、强氧化剂（$KClO_3$ 等）之前，要首先了解它们的性质；使用中，应注意安全。

（9）含有易挥发和易燃物质的实验，操作时必须远离火源。易挥发和易燃物质不得用烧杯和敞口容器盛装，不得倒入废液缸。

（10）有毒药品（如氰化物、汞盐、铅盐、钡盐、重铬酸钾等）要严防入口或接触伤口，也不能倒入水槽，应回收处理。

（11）实验室药品及其他物品不得私自带走。

（12）禁止穿拖鞋、高跟鞋、背心、短裤（裙）进入实验室。

2. 化学实验室意外事故处理方法

（1）创伤　先挑出伤口中的异物，然后用红药水（或紫药水、消炎粉）处理，再用消毒纱布包扎。如果伤口较大，应立即就医。

（2）烫伤　切勿用水冲洗，更不要把烫起的水泡挑破。烫伤处皮肤未破时，可涂上饱和碳酸氢钠溶液或用碳酸氢钠粉调成糊状敷于伤处，也可涂烫伤膏；如果烫伤处皮肤已破，可涂紫药水或 1‰高锰酸钾溶液。

（3）酸伤　酸溅在皮肤上，先用大量水冲洗，再用饱和碳酸氢钠溶液（或稀氨水）冲洗，最后用水冲洗；若酸液溅入眼内，先用大量清水冲洗，再用 2‰的硼酸钠溶液冲洗，然后用蒸馏水冲洗，并立即就医。

（4）碱伤　碱溅在皮肤上，先用大量水冲洗，再用 2‰醋酸溶液（或饱和硼酸溶液）冲洗，最后用水冲洗；若碱液溅入眼内，先用大量水冲洗，再用 3‰的硼酸溶液冲洗，最后用蒸馏水冲洗，并立即就医。

（5）溴腐伤　立即用乙醇或甘油中洗伤口，然后用水洗净并涂上甘油。

（6）吸入刺激性或有毒气体　吸入溴蒸气、氯气、氯化氢时，可以吸入少量酒精和乙醚的混合蒸气解毒。吸入硫化氢、一氧化碳气体时，应立即到室外呼吸新鲜空气。

（7）毒物入口　取一杯含 5～10 mL 稀硫酸铜溶液的温水，内服后再用手指伸入咽喉部，促使呕吐，然后立即就医。

（8）触电　立即切断电源，必要时进行人工呼吸。

（9）火灾　一般的小火可以用湿布、石棉网或细砂覆盖燃烧物以灭火。火势大时，需要根据不同的着火情况选用不同的灭火剂。凡是活泼金属、油类、有机溶剂、电器着火，切勿用水或泡沫灭火器灭火。

若活泼金属着火，通常用干燥的细砂覆盖灭火。严禁使用某些灭火器（如 CCl_4 灭火器），因 CCl_4 会与钾、钠等发生剧烈反应，甚至产生爆炸。

油类、有机溶剂着火，可用二氧化碳灭火器，亦可用干粉灭火器或 1211 灭火器。若电器着火，先切断电源，再任选二氧化碳灭火器、CCl_4 灭火器、干粉灭火器、1211 灭火器四者之一进行灭火。

当衣服着火时，切勿惊慌乱跑，赶快脱下衣服或用石棉网覆盖着火处，或在地上卧倒打滚，可起到灭火作用。

（10）伤势较重者，应立即送医院。

1.3　实验预习、实验记录和实验报告的基本要求

化学实验一般分三个阶段来完成：课前实验预习、课堂实验与数据记录、课后实验报告的解释与讨论等。详情可看《学生实验报告书》。

1. 课前实验预习

课前充分预习是实验前必须完成的准备工作，若不进行充分预习，而只是"照方抓药"，则对、错不知其所以然，达不到良好的实验效果。充分的预习是保证实验顺利进行不可缺少的重要环节。

预习包括：

（1）阅读实验教材、教科书和参考资料中的有关内容；

（2）明确实验目的；

（3）理解相关的化学原理，了解实验的内容、步骤、操作过程，以及实验所用仪器的使用方法和实验时应注意的安全知识及其他注意事项。

（4）按要求填写《学生实验报告书》中的预习内容，写好简明扼要的预习报告。通常要完成的预习内容包含：实验目的、实验试剂与仪器（含仪器的操作过程）、实验简明原理和经加工提炼后的实验过程或实验方案。实验步骤尽量用简图、表格、框图、化学式、符号等形式清晰、明了地表示。需要注意的是：无预习报告不得进行实验。

2. 课堂实验与数据记录

根据实验预习报告，并结合教材上所规定的方法、步骤和试剂用量进行操作，并应该做到下列几点：

（1）认真操作，细心观察，并及时、如实地做好详细记录；

（2）如果发现实验现象与理论不符合，应首先尊重实验事实，认真分析和检查其原因，必要时应多次重做实验；

（3）实验中遇到自己难以解决的疑难问题时，可请求教师指点；

（4）在实验过程中应保持肃静，严格遵守实验室工作规则；

（5）实验完成后，应按要求整理与摆放实验台上的仪器与试剂，试剂摆放时应注意：下层试剂架为盐溶液，并按金属活动顺序表摆成一条线；上层为酸、碱、固体、指示剂等；

（6）仔细清点自己保管的实验常用仪器，检查有无破损或遗漏，将仪器有序地摆放在仪器栏内并放入实验台柜子内；其他非常用仪器，应有序摆放在实验台上，不要收入柜子内；

（7）将记录完整数据的《学生实验报告书》交给老师检查、签字后方可离开实验室。

3. 课后实验报告的解释与讨论

实验结束后，应严格地根据实验记录，完成《学生实验报告书》中的最后一项内容：包括实验现象的分析与解释，实验数据的处理，实验结果的归纳与讨论，对实验的改进、创新意见等。

学生应按时独立完成实验报告，并交给指导教师审阅。实验报告应该写得简明扼要、整齐洁净。

第2章 化学实验的基本仪器与操作技术

2.1 玻璃仪器的洗涤与干燥

1. 玻璃仪器的洗涤

为了使实验得到正确的结果,实验仪器必须洗干净,洗涤步骤一般如下:

(1)在试管(或量筒)内,倒入约占试管总容量1/3的自来水,振摇片刻,倒掉;倒入等量的自来水,再振摇片刻后倒掉,然后用少量蒸馏水漂洗一次(必要时可增加冲洗次数)。如此洗涤后,此试管即可用来做实验。

(2)试管用水冲洗不能洗净时,可用试管刷刷洗,每次刷洗用的自来水不必太多,洗净后,再用少量蒸馏水漂洗一两次。

(3)试管、烧杯或其他玻璃仪器,如沾有油污,需先用去污粉或肥皂粉擦洗,再用自来水洗干净,最后用蒸馏水漂洗一两次,方可使用。

洗涤其他玻璃仪器时,一般与上述方法相同。

2. 仪器的干燥

洗净的仪器如需干燥,可采用下列方法:

(1)烘干:将仪器倒去残留水,放在电热干燥箱的搁板上,箱底层放一搪瓷盘(接受可能从仪器上滴下来的水珠)更好,将温度控制在105 ℃左右。

(2)烤干:烧杯和蒸发皿可放在石棉网上小火烤干,烤前应擦干仪器外部水珠。试管可直接用小火烤,操作时,试管略微倾斜,管口向下,先加热试管底部,逐渐向试管中部移动。如管口凝结水珠,可用碎滤纸吸去。烤至无水珠后,将试管口朝上,再烘烤片刻,以赶尽水汽。

(3)晾干:将仪器倒置在干净的干燥架上晾干待用。

(4)吹干:用电吹风的热风将仪器内残留的水分赶出。

(5)用有机溶剂干燥:在仪器内加入少量的有机溶剂(如乙醇、丙酮等),将仪器倾斜,转动仪器,使器壁内的水与有机溶剂混合,然后倒出混合液(回收),仪器即已干燥。带有刻度的计量仪器不能用加热法干燥,以免热胀冷缩,影响其精度。

2.2 固体和液体试剂的取用

1. 液体试剂的取用方法

液体试剂通常盛在细口的试剂瓶中。见光容易分解的试剂(如硝酸银)应盛在棕色瓶中。每个试剂瓶上都必须贴上标签,并标明试剂的名称、浓度和纯度。试剂瓶的瓶塞一般都是磨口的,最常用的是平顶的(图2.1)。

(1) 从平顶瓶塞试剂瓶取用试剂的方法

取下瓶塞把它仰放在台上。用左手的大拇指、食指和中指拿住容器(如试管、量筒等)。用右手拿起试剂瓶,并注意使试剂瓶的标签对着手心,倒出所需量的试剂。倒完后,应该将试剂瓶口在容器上靠一下,再使瓶子竖直,这样可以避免遗留在瓶口的试剂从瓶口流到试剂瓶的外壁(图2.2)。必须注意:倒完试剂后,瓶塞须立即盖在原来的试剂瓶上,把试剂瓶放回原处,并使瓶上的标签朝外。

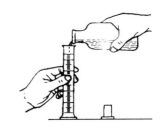

图 2.1 平顶瓶塞试剂瓶   图 2.2 平顶瓶塞试剂瓶的操作法

(2) 从滴瓶中取用少量试剂的方法

瓶上装有滴管的试剂瓶称为滴瓶。滴管上部装有胶帽,下部为细长的管子。使用时,提起滴管,使管口离开液面。用手指紧捏滴管上部的胶帽,以赶出滴管中的空气,然后把滴管伸入试剂瓶中,放开手指,吸入试剂。再提起滴管,将试剂滴入试管或烧杯中。

使用滴瓶时,必须注意下列各点:

① 将试剂滴入试管中,必须用无名指和中指夹住滴管,将它悬空地放在靠近试管口的上方(图2.3),然后用大拇指和食指捏胶帽,使试剂滴入试管中。绝对禁止将滴管伸入试管中,否则滴管的管端将很容易碰到试管壁而沾上其他溶液。如果再将此滴管放回试剂瓶中,则试剂会被污染,不能再使用。

② 滴瓶上的滴管只能专用,不能和其他滴瓶上的滴管

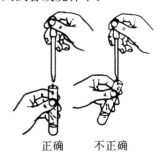

图 2.3 用滴管将试剂
加入试管中

搞混。因此,使用后应立即将滴管插回原来的滴瓶中。

③ 滴管从滴瓶中取出试剂后,应保持胶帽在上,不要平放或斜放,以防滴管中的试液流入胶帽,腐蚀胶帽,污染试剂。

2. 固体试剂的取用方法

固体试剂一般都用药匙取用。药匙的两端为大小两个匙,取大量固体时用大匙,取少量固体时用小匙(取用的固体要加入小试管时也必须用小匙)。使用的药匙必须保持干燥而洁净。

2.3 酒精灯的使用和加热方法

1. 酒精灯的使用

在没有煤气的实验室中,常使用酒精灯(图 2.4)或酒精喷灯(图 2.5)进行加热。

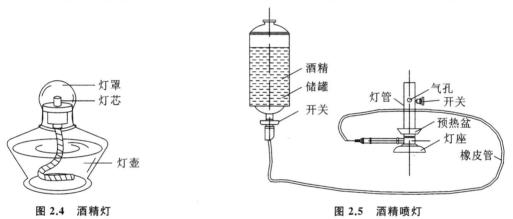

图 2.4 酒精灯   图 2.5 酒精喷灯

酒精灯的温度,通常可达 400~500 ℃;酒精喷灯的温度通常可达 700~1000 ℃。

酒精灯一般是玻璃制的,其灯罩带有磨口。不用时必须将灯罩罩上,以免酒精挥发。酒精易燃,使用时必须注意安全。

点燃时,应该用火柴点燃,切不可用已点燃的酒精灯直接去点燃另一盏酒精灯。否则灯内的酒精会洒出,引起燃烧而发生火灾。

酒精灯内需要添加酒精时应把火焰熄灭,然后利用漏斗把酒精加入灯内,但应注意灯内酒精不能装得太满,一般以不超过其总容量的 2/3 为宜。

熄灭酒精灯的火焰时,只要将灯罩盖上即可使火焰熄灭,切勿用嘴去吹。

2. 加热方法

实验室中常用的器皿有烧杯、烧瓶、瓷蒸发皿、试管、坩埚等,这些器皿能承受一定的温度,但不耐骤热或骤冷。因此,在加热前,必须将器皿外壁的水擦干净,加热后,不能立即与潮湿的物体接触。

当加热液体时,液体一般不宜超过容器总容量的一半。

(1)加热烧杯、烧瓶等玻璃仪器中的液体

在烧杯、烧瓶等玻璃仪器中加热液体时,玻璃仪器必须放在石棉网上(图2.6),否则容易因受热不均而破裂。

(2)加热试管中的液体

试管中的液体一般可直接在火焰上加热(图2.7)。在火焰上加热试管时,应注意以下几点:

① 应该用试管夹夹持试管的中上部(微热时,可用拇指、食指和中指夹持试管)。

② 试管应稍微倾斜,管口向上,以免烧坏试管夹或烤痛手指。

③ 应使液体各部分受热均匀,先加热液体中上部,再慢慢往下移动,同时不停地上下移动;不要集中加热某一部分,否则将使液体局部受热而骤然产生蒸气,液体被冲出管外。

④ 不要将试管口对着别人或自己,以免溶液溅出时将人烫伤。

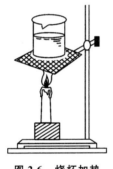

图2.6　烧杯加热

图2.7　加热试管中的液体

(3)加热试管中的固体

加热试管中的固体时,必须使试管口稍微向下倾斜,以免凝结在试管上的水珠流到灼热的管底而使试管炸裂。试管可用试管夹夹持起来加热,有时也可用铁夹固定起来加热(图2.8)。加热时,应先将火焰来回移动,再在盛有固体物质的部位加强热。

(4)灼烧

当固体物质需要高温加热时,可将盛有固体的坩埚放在泥三角上,用氧化焰灼烧(图2.9)。开始用小火使其受热均匀,然后逐渐加大火焰。灼烧完毕应用干净的坩埚钳夹取坩埚,事先应在火焰上预热一下钳的尖端。坩埚钳用后应平放在桌上或石棉网上,尖端向上,以保证坩埚钳尖端干净。

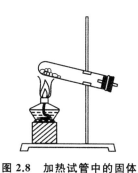

图 2.8　加热试管中的固体

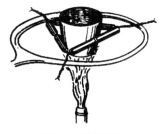

图 2.9　灼烧坩埚

2.4　试纸的使用和点滴板的使用

1. 试纸的使用

试纸常用来定性检测一些溶液的酸碱性,判断某些物质是否存在,使用简便。

(1) 试纸的种类

试纸的种类很多,常用的有石蕊试纸、pH 试纸、醋酸铅试纸、KI-淀粉试纸等。

① 石蕊试纸。红色石蕊试纸遇碱溶液变蓝。蓝色石蕊试纸遇酸溶液变红。它们可以定性判断气体或溶液的酸碱性。

② pH 试纸。用以检测溶液的 pH 值,一般有两类:一类是广泛 pH 试纸,变色范围为 1~14,用来粗略检测溶液的 pH 值(整数值),测量的最大误差在 ±1 以内。另一类是精密 pH 试纸,能较为精确地测量溶液的 pH 值。这类试纸有很多种,如变色范围为 0.5 ~5.0、5.5~9.0、9.0~14.0 等,最大误差在 ±0.5 以内;变色范围为 5.4~7.0、8.2~10、9.0~13.0 等,最大误差在 ±0.2 以内。

③ 醋酸铅试纸。用以定性地检测反应中是否有 H_2S 气体产生(即溶液中是否有二价硫离子存在)。试纸曾在醋酸铅溶液中浸泡过,使用时要用蒸馏水润湿,将待测溶液酸化。如有二价硫离子,则在试纸上生成黑色硫化铅沉淀:

$$Pb(Ac)_2 + H_2S \Longrightarrow PbS \downarrow + 2HAc$$

试纸呈黑褐色并有金属光泽(有时颜色较浅,但一定有金属光泽)。

④ KI-淀粉试纸。用以定性地检验是否有氧化性气体(如 Cl_2、Br_2 等)。试纸曾在 KI-淀粉溶液中浸泡过,使用时要用蒸馏水将其润湿。氧化性气体溶于试纸上的水后,将 I^- 氧化为 I_2,例如:

$$2I^- + Cl_2 \Longrightarrow I_2 + 2Cl^-$$

I_2 立即与试纸上的淀粉作用,使试纸变为蓝紫色。要注意的是,如果氧化性气体的氧化性很强且气体浓度大,则有可能将 I_2 继续氧化成 IO_3^-,而使试纸褪色,这时不要误认为试纸没有变色,以致得出错误的结论。

（2）试纸的使用方法及注意事项

① 用试纸检测溶液的酸碱性时，一般先把剪成小块的试纸放在表面皿或白色点滴板上，用玻璃棒蘸取待测溶液点在试纸中部，观察试纸颜色是否改变，pH 试纸还要与所附标准色板比较，不能将试纸浸泡在待测溶液中，以免造成误差或污染溶液。

② 用试纸检验挥发性物质及气体时，一般先将试纸用蒸馏水润湿，粘在玻璃棒的一端，悬空放在气体出口处，观察试纸颜色的变化。有时逸出的气体较少，可将试纸伸进试管，但勿使试纸接触管壁及溶液。

③ 使用 pH 试纸时，玻璃棒、承载试纸的表面皿（或点滴板）不仅要干净，而且不能有蒸馏水；在检验溶液前，亦不可用蒸馏水润湿 pH 试纸，否则会使待测液稀释。

④ 试纸要密封保存，应用镊子或干净的手取用试纸。

2. 点滴板的使用

点滴板是涂釉的瓷板，分为白色、黑色、十二凹穴、九凹穴、六凹穴等，一般用于常温下的点滴反应，可作为无机化学实验的基本微型实验仪器。

有白色沉淀生成的反应在黑色点滴板中进行；有色溶液的反应或生成有色沉淀（除白色外）的反应在白色点滴板上进行。

点滴板还用于以 pH 试纸测定溶液的 pH 值及滴定分析外用指示剂法确定终点。使用点滴板时要将其洗净，并用蒸馏水冲洗，洗后尽量晾干，以免进行点滴反应或测溶液 pH 值时稀释溶液。

2.5　沉淀与溶液的分离

1. 普通过滤（常压过滤）和洗涤的方法

当溶液中有沉淀而又要把它与溶液分离时，常用过滤法。

过滤前，先将滤纸按图 2.10 所示虚线的方向对折两次，然后用剪刀剪成扇形。如果滤纸是圆形的，只需将滤纸对折两次即可。把滤纸打开成圆锥体（一边为三层，另一边为一层），放入玻璃漏斗中，滤纸放进漏斗后，其边沿应略低于漏斗的边沿（漏斗的角度应该是 60°，这样滤纸就可以完全贴在漏斗壁上。如果漏斗角度略大于或略小于 60°，则应适当改变滤纸折叠成的角度，使其与漏斗角度相适应）。用手按着滤纸，用洗瓶吹出少量蒸馏水把滤纸湿润，轻压滤纸四周，使其紧贴在漏斗上。

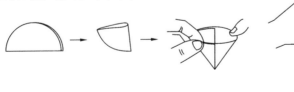

图 2.10　滤纸的折叠法

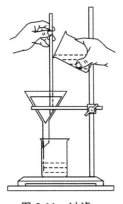

图 2.11　过滤

将贴有滤纸的漏斗放在漏斗架上,把清洁的烧杯放在漏斗的下面,并使漏斗管末端与烧杯壁接触,这样,滤纸可顺着杯壁流下,不致溅开。按照图 2.11 所示,将溶液和沉淀沿着玻璃棒靠近三层滤纸这一边缓缓倒入漏斗中。溶液滤完后,用洗瓶吹出少量蒸馏水,冲洗滤纸和沉淀。过滤时必须注意,倒入漏斗中的液体,其液面应低于滤纸边缘 1 cm,切勿超过。

（1）倾析法过滤

为了使过滤操作进行得比较快,一般都采用"倾析法"过滤。其方法如下:过滤前,先让沉淀尽量沉降。过滤时不要搅动沉淀,先将沉淀上面的清液小心地沿玻璃棒倒入滤纸。待上层清液滤完后,再将沉淀转移到滤纸上。这样就不会因为滤纸的小孔被沉淀堵塞而减慢过滤速度。最后,用洗瓶吹出少量蒸馏水,洗涤沉淀1～2次。

（2）倾析法洗涤沉淀

有时为了充分洗涤沉淀,可采用"倾析法"洗涤沉淀(图 2.12)。先让烧杯中的沉淀充分沉降,然后将上层清液沿玻璃棒小心倾倒至另一容器或漏斗中,让沉淀留在烧杯中。由洗瓶吹入蒸馏水进行洗涤,并用玻璃棒充分搅动,然后让沉淀沉降。用同样的方法再将所得上清液除去,让沉淀仍留在烧杯中,再由洗瓶吹入蒸馏水进行洗涤。这样重复数次。

用倾析法洗涤沉淀的好处是:沉淀和洗涤液能很好地混合,杂质容易洗净;沉淀留在烧杯中,只倾出上层清液过滤,滤纸的小孔不会被沉淀堵塞,洗涤液容易滤过,洗涤沉淀的速度较快。

2. 吸滤法过滤(减压过滤或抽气过滤)

为了加速过滤,常用吸滤法过滤。吸滤装置如图 2.13 所示。它由吸滤瓶 1,布氏漏斗 2、安全瓶 3 和水压真空抽气管 4(亦称水泵)组成。水泵一般是装在实验室中的自来水龙头上。

图 2.12　倾析洗涤法

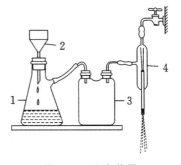

图 2.13　吸滤装置

1—吸滤瓶;2—布氏漏斗或玻璃砂漏斗;3—安全瓶;4—水压真空抽气管

布氏漏斗是瓷质的,中间为具有许多小孔的瓷板,以便使溶液通过滤纸从小孔流出。布氏漏斗必须装在橡皮塞上。橡皮塞的大小应和吸滤瓶的口径相配合,橡皮塞塞进吸滤瓶的部分一般不超过整个橡皮塞高度的1/2。如果橡皮塞太小而几乎能全部塞进吸滤瓶,则在吸滤时整个橡皮塞将被吸进吸滤瓶而不易取出。

吸滤瓶的支管用橡皮管和安全瓶的短管连接,而安全瓶的长管则与水泵连接。

安全瓶的作用是防止水泵中的水产生溢流而倒灌入吸滤瓶中。这是因为在水泵中的水压有变动时,常会有水溢出。在发生这种情况时,可将吸滤瓶和安全瓶拆开,将安全瓶中的水倒出,再重新把它们连接起来。如不要滤液,也可不用安全瓶。

吸滤操作,必须按照下列步骤进行:

① 做好吸滤前的准备工作,检查装置:安全瓶的长管接水泵,短管接吸滤瓶;布氏漏斗的颈口应与吸滤瓶的支管相对,便于吸滤。

② 贴好滤纸:滤纸的大小应剪得比布氏漏斗的内径略小,以能恰好盖住瓷板上的所有小孔为准。先由洗瓶吹出少量蒸馏水润湿滤纸,再开启水泵,使滤纸紧贴在漏斗的瓷板上,然后才能进行过滤。

③ 过滤时,应采取倾析法,先将澄清的溶液沿玻璃棒倒入漏斗中,滤完后再将沉淀移入滤纸的中间部分。

④ 过滤时,吸滤瓶内的滤液面不能达到支管的水平位置,否则滤液将被水泵抽出。因此,当滤液快上升至吸滤瓶的支管处时,应拔去吸滤瓶上的橡皮管,取下漏斗,从吸滤瓶的上口倒出滤液后,再继续吸滤。但必须注意,从吸滤瓶的上口倒出滤液时,吸滤瓶的支管必须向上。

⑤ 在吸滤过程中,不得突然关闭水泵。如欲取出滤液,或需要停止吸滤,应先将吸滤瓶支管的橡皮管拆下,然后再关上水泵。否则水将倒灌,进入安全瓶。

⑥ 在布氏漏斗内洗涤沉淀时,应停止吸滤,让少量洗涤剂缓慢通过沉淀,然后进行吸滤。

⑦ 为了尽量抽干漏斗上的沉淀,最后可用一个平顶的试剂瓶塞挤压沉淀。

⑧ 过滤完后,应先将吸滤瓶支管的橡皮管拆下,关闭水泵,再取下漏斗,将漏斗的颈口朝上,轻轻敲打漏斗边缘,即可使沉淀脱离漏斗,落入预先准备好的滤纸上或容器中。

用吸滤法过滤时,除了布氏漏斗以外,还常用玻璃质砂芯漏斗(图 2.14)和玻璃质砂芯坩埚(图 2.15)。

图 2.14　玻璃质砂芯漏斗

图 2.15　玻璃质砂芯坩埚

玻璃质砂芯漏斗和玻璃质砂芯坩埚是带有微孔玻璃砂芯底板的过滤器,按微孔大小的不同分成 1~6 号,号数愈大,微孔愈小。根据沉淀颗粒的大小,可以选择不同的号数,最常用的是 3 号或 4 号。

3. 试管中的沉淀与溶液的分离和沉淀的洗涤方法

试管中少量溶液与沉淀的分离可以采用以下方法:将溶液静置片刻,让沉淀沉降在管底。取一只滴管用手指捏紧胶帽,将滴管的尖端插入液面以下,但不接触沉淀,然后缓缓放松胶帽,尽量吸出上清液,同时注意不要将沉淀吸入管中,如图 2.16 所示。

图 2.16　用滴管吸去上层清液

若要洗涤试管中存留的沉淀,可由洗瓶吹入少量的蒸馏水,用玻璃棒搅拌。静置片刻后,使沉淀沉降,再按上述方法将上层清液尽可能地吸尽。重复洗涤沉淀 2~3 次。

4. 离心分离法

试管中少量溶液与沉淀的分离常用离心分离法,操作简单而迅速。常用的离心机有手摇离心机(图 2.17)和电动离心机(图 2.18)两种。

图 2.17　手摇离心机

图 2.18　电动离心机

将盛有沉淀的小试管或离心管放入离心机的试管套内,在与之相对称的另一试管套内也要装入一支盛有相等容积水的试管,这样可使离心机的两臂保持平衡。然后缓慢而均匀地摇动离心机,再逐渐加速。1~2 min 后,停止摇动,让离心机自然停下。在任何情况下,都不能猛力启动离心机,或在未停止前用手按住离心机的轴,强制其停下来,否则容易损坏离心机,而且容易发生危险。

电动离心机的使用方法和注意事项与手摇离心机的基本相同。

通过离心作用,沉淀紧密聚集在试管的底部或离心管底部的尖端,溶液则变清。沉淀和溶液的分离以及沉淀的洗涤即可按照前述的方法进行。

2.6 溶解、蒸发(浓缩)、结晶(重结晶)

1. 固体的溶解

固体颗粒较大时,在溶解前应进行粉碎。固体的粉碎应在洗净和干燥的研体中进行,研体中所盛放固体的量不要超过研体容积的1/3。对于大颗粒固体不能用磨杵敲击,只能压碎。

溶解固体须在不断搅拌下进行,用搅拌棒搅拌时,应手持搅拌棒并转动手腕使搅拌棒在液体中匀速转动,不要用力过猛,不要使搅拌棒碰在器壁上,以免溅出溶液,损坏容器。

加热一般可以加快溶解的过程,应根据被加热物质的热稳定性,选用不同的加热方法。

2. 蒸发(浓缩)

因为蒸发的快慢不仅和温度的高低有关,而且与被蒸发的液体的表面积大小有关,故常用蒸发皿蒸发,它能使被蒸发的液体有较大的表面积,有利于蒸发进行。蒸发皿内所盛液体的量不应超过其容量的2/3,余下的溶液可随时添加。加热方式视物质的热稳定性而定。热稳定性大时,可将蒸发皿放在石棉网上,用电炉或酒精灯(煤气灯)直接加热;否则,可在水浴上间接加热。随着水分不断蒸发,溶液逐渐被浓缩。浓缩到什么程度,则取决于溶质溶解度的大小及其随温度变化的情况和结晶时对浓度的要求。一般当溶质的溶解度较大或溶质溶解度随温度变化较小时,应蒸发到溶液表面出现晶膜为宜;当溶质的溶解度较小,或高温时溶解度较大而室温时溶解度较小,则不必蒸发到液面出现晶膜。另外,如果结晶时希望出现较大的晶体,就不宜浓缩得太过,切忌将溶液蒸干,以便使少量杂质留在母液中除去。在蒸发过程中,必要时可适当搅拌以防溶液爆溅。

3. 结晶(重结晶)

结晶是提纯固体物质的重要方法之一。蒸发、浓缩到一定程度的溶液,经冷却后就会析出溶质的晶体。析出晶体的大小与条件有关。如果溶液浓度大,溶质的溶解度小,溶剂蒸发速度快,溶液冷却速度快,摩擦器壁,则析出的晶体就小。如果溶液浓度小,可投入一小颗晶种后静置溶液,缓慢冷却(如放在温水浴上冷却),这样就能得到较大的晶体。

晶体颗粒的大小要适当。颗粒较大且均匀的晶体夹带母液较少,容易洗涤。晶体太小且大小不均匀时,能形成稠厚的糊状物,夹带母液较多,不易洗净。而颗粒太大甚至只得到几颗大晶体时,母液中剩余的溶质较多,损失较大,所以晶粒大小适宜且较为均匀有利于物质的提纯。如果剩余母液太多,还可以再次进行浓缩、结晶,但这次得到的晶体的纯度不如第一次的高。

当结晶一次所得到物质的纯度不合要求时,可以重新加入尽可能少的溶剂溶解晶体,经蒸发后再进行结晶,即重结晶,这样可以提高晶体的纯度,当然产率会降低一些。

2.7　常见仪器及其使用

1. 量筒

量筒是量取液体试剂的量具,它是一种具有刻度的玻璃圆筒。量筒的容量分为 10 mL、20 mL、50 mL、100 mL、500 mL 等数种。使用时,把要量取的液体注入量筒中,手拿量筒的上部,让量筒竖直,使量筒内液体凹面的最低处与视线保持水平,然后读出量筒上的刻度,即得液体的体积(图 2.19)。量筒不能作为反应器用,不能装热的液体。

在某些实验中,如果不需要十分准确地量取试剂,可以不必每次都用量筒,只要学会估计从试剂瓶内倒出液体的量即可。例如,知道 2 mL 液体占一支 15 mL 试管总容量的几分之几,移取 2 mL 液体应该由滴管滴出多少滴液体,等等。

2. 容量瓶

容量瓶是一种细颈梨形的平底瓶,带有磨口。瓶颈部有一刻度线,在一定温度时,瓶内到达刻度线的液体体积是一定的。容量瓶主要是用来把精确称量的物质配制成精确浓度的溶液或是将准确容积浓度的浓溶液稀释成准确容积浓度的稀溶液,这种过程通常称为“定容”。常用容量瓶有 25 mL、50 mL、100 mL、250 mL、500 mL、1000 mL 等多种规格,图 2.20 所示为 20 ℃时容量为 100 mL 的容量瓶。使用时,先将容量瓶洗净,再将一定量的固体溶质放在烧杯中加少量蒸馏水溶解。将所得溶液沿着玻璃棒小心地倒入容量瓶中,再用少量蒸馏水洗涤烧杯和玻璃棒数次,洗涤液亦需倒入容量瓶中,然后加水到刻度处。但需注意,当液面快接近刻度时,应该用滴管小心地逐滴将蒸馏水加到刻度处。最后塞紧瓶塞,用右手食指按住瓶塞,左手手指托住瓶底,将容量瓶反复倒置数次,并在倒置时加以振荡,以保证溶液的浓度完全均匀。

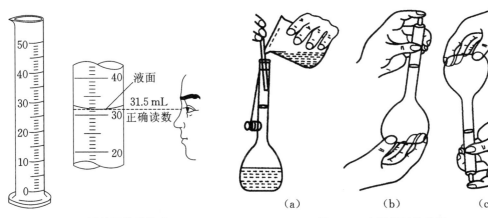

图 2.19　量筒及其读数法　　　图 2.20　容量瓶及其使用

3. 移液管和吸量管

吸管一般用于准确量取一定体积的液体。吸管有无分度吸管(又称移液管)和有分度吸管(又称吸量管)两种。

移液管中腰膨大,上下两端细长,上端刻有环形标线,膨大部分标有它的容积和标定时的温度(图 2.21),将溶液吸入管内,使液面与标线相切,再放出,则放出的溶液体积就等于管上标出的容积。常用移液管的容积有 5 mL、10 mL、25 mL 和 50 mL 等多种。吸量管带有分刻度(图 2.22),可以准确量取所需要的刻度范围内某一体积的溶液,但其准确度差一些。将溶液吸入,读取与液面相切的刻度(一般在零刻度处),然后将溶液放出至适当的刻度,两刻度之差即为放出溶液的体积。

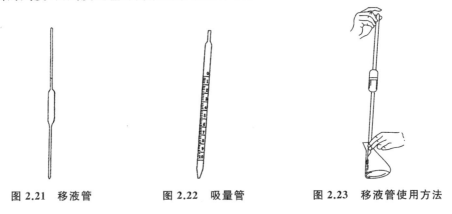

图 2.21　移液管　　　　图 2.22　吸量管　　　　图 2.23　移液管使用方法

吸管在使用前按以下方法洗至内壁不挂水珠:将吸管插入洗液中,用洗耳球将洗液慢慢吸至管容积的 1/3 处,用食指按住管口,把管横过来淌洗,然后将洗液放回原瓶。如果内壁污染严重,则应把吸管放入盛有洗液的大量筒或高型玻璃缸中,浸泡 15 min 至数小时,取出后用自来水及蒸馏水冲洗,再用纸擦去管外的水。

移取溶液前,先用少量该溶液将吸管内壁洗 2～3 次,以保证转移的溶液浓度不变,然后用右手拇指及中指拿住管颈标线以上的地方,下部尖端伸入液面 1～2 cm(不要伸入得太深,以免管口外壁沾附溶液过多;也不要伸入得太浅,以免液面下降后吸空)。左手拿洗耳球(预先挤出球内空气),将球的尖端接在吸管上口,慢慢放松洗耳球,使溶液吸入管内。眼睛注意正在上升的液面位置,吸管应随容器中液面的下降而降低。当液面上升到标线以上时,迅速移开洗耳球,用右手食指按住管口取出吸管,使管尖靠着贮液瓶口,用拇指和中指轻轻转动吸管,并减轻食指的压力,让溶液慢慢流出,同时平视标线,当溶液弯月面下缘与标线相切时,立即按紧食指。如果吸管悬挂着液滴,可使吸管尖端与贮瓶壁接触,使液滴落下。然后使准备接受溶液的容器倾斜成 45°,将吸管移入容器中,使管垂直,管尖靠着容器内壁,放开食指(图 2.23),让溶液自由流出。待溶液全部流出后,按规定再等约 15 s 后,取出吸管。如果吸管未标"吹"字,切勿把残留在管尖的溶液吹出。吸管用毕应洗净,并放在吸管架上。

4. 滴定管与滴定操作

（1）酸式滴定管（简称酸管）的准备

酸管是滴定分析中经常使用的一种滴定管，除了强碱溶液外，采用其他溶液作为滴定液时一般均采用酸管。使用前，首先应检查旋塞与旋塞套是否配合紧密。如不密合将会出现漏水现象，则不宜使用。其次应进行充分的清洗，根据玷污的程度，可采用下列方法：

① 用自来水冲洗。

② 用滴定管刷蘸合成洗涤剂刷洗，但铁丝不能碰到管壁（如用泡沫塑料刷代替毛刷更好）。

③ 用前法不能洗净时，可用铬酸洗液清洗。为此，加入 5～10 mL 洗液，边转动边将滴定管放平，并将滴定管口对着洗液瓶口，以防止洗液洒出。洗净后将一部分洗液从管口放回原瓶，最后打开旋塞，将剩余的洗液从出口管放回原瓶，必要时可加满洗液进行浸泡。

④ 可根据具体情况采用针对性洗涤液进行清洗，如管内壁残留有二氧化锰时，可用亚铁盐溶液或过氧化氢加酸溶液进行清洗。

⑤ 用各种洗涤液清洗后，都必须用自来水充分洗净，并将管外壁擦干，以便观察内壁是否挂水珠。

（2）酸式滴定管涂油

涂油是为了使旋塞转动灵活并克服漏水现象，其操作方法如下：

① 取下旋塞小头上的小橡胶圈，取出旋塞。

② 用吸水纸将旋塞和旋塞套擦干，并注意平拿平放滴定管，勿使滴定管壁上的水再次进入旋塞套。

③ 用手指将油脂涂抹在旋塞的大头上，另用纸卷或火柴梗将油脂抹在旋塞套的小口内侧。也可用手指均匀地涂一薄层油脂于旋塞两头。油脂涂得太少，旋塞转动不灵活且易漏水；涂得太多，旋塞孔容易被堵塞。不论采用哪种方法，都不要将油脂涂在旋塞孔上、下两侧，以免旋转时堵塞旋塞孔。

④ 将旋塞插套后，向同一方向旋转旋塞柄，直到旋塞和旋塞套上的油脂层全部为透明的为止，然后套上小橡胶圈。

经上述处理后，旋塞应转动灵活，油脂层没有纹路。此时用自来水充满滴定管，将其放在滴定管架上静置约 2 min，观察有无水滴漏下。然后将旋塞旋转 180°，再按前述方法检查，如果漏水，应重新涂油。

若出口管尖被油脂堵塞，可将它插入热水中温热片刻，然后打开旋塞，使管内的水突然流下，将软化的油脂冲出；也可将管尖浸入热的洗涤剂中片刻，以除去油脂。

将管内的自来水从管口倒出，出口管内的水从旋塞下端放出。注意：从管口将水倒出时，务必不要打开旋塞，否则旋塞上的油脂会冲入滴定管，使管内壁重新被污染，然后用蒸馏水洗三次。第一次用 10 mL 左右，第二次及第三次各用 5 mL 左右。洗涤时，双手持滴定管身两端无刻度处，边转动边倾斜滴定管，使水布满全管并轻轻振荡。然后直立滴定管，打开旋塞将水放掉，同时冲洗出口管。也可将大部分水从管口倒出，再将其余的水从出口管放出。每次放掉水时尽量不使水残留在管内。最后,将管的外壁擦干。

（3）碱式滴定管（简称碱管）的准备

使用前应检查乳胶管和玻璃球是否完好。若胶管已经老化,玻璃球过大（不易操作）或过小（易漏水）,应予以更换。碱管的洗涤方法与酸管相同。在需要用洗涤液洗涤时,可除去乳胶管,用乳胶头堵塞碱管的下口进行洗涤。如必须用洗液浸泡,则将碱管的乳胶管中的玻璃球往上捏,使其紧贴在碱管的下端,便可直接倒入洗液浸泡。在用自来水冲洗或用蒸馏水清洗碱管时,应特别注意玻璃球下方死角处的清洗,为此,在捏乳胶管时应不断改变方位,使玻璃球四周都洗到。

（4）操作溶液的装入

装入操作溶液前,应将试剂瓶中的溶液摇匀,使凝结在瓶内壁的水珠直接混入溶液,这在天气比较热、室温变化较大时更为必要。混匀后将操作溶液直接倒入滴定管中,不得用其他容器来转移,此时,左手前三指持滴定管上部无刻度处,右手拿住细口瓶（瓶签向手心）往滴定管中倒溶液。

用摇匀的操作溶液将滴定管洗 3 次（第一次 10 mL,大部分溶液可由上口放出,第二次、第三次各 5 mL,可以从出口管放出,洗法同前）。应特别注意的是,一定要使操作溶液洗遍全部内壁,并使溶液接触管壁 1～2 min,以便与原来残留的溶液混合均匀。每次都要打开旋塞冲洗出口管,并尽量放出残留液。对于碱管,仍应注意玻璃球下方的洗涤。最后,关好旋塞,将操作溶液倒入,直到充满"0"刻度以上为止。

注意检查滴定管的出口管是否充满溶液。酸管出口管及旋塞透明,容易检查（有时旋塞孔中暗藏着的气泡,需要从出口管放出溶液时才能看到）,碱管则要对光检查乳胶管内及出口管是否有气泡或有未充满的地方。为使溶液充满出口管,在使用酸管时,右手拿住滴定管上方无刻度处,并使滴定管倾斜约 30°,打开活塞,使溶液冲出,赶出气泡。若气泡仍未能排尽,可重复操作,如仍不能使溶液充满,可能是因为出口管未洗净,必须重洗。若是碱管,则左手持滴定管上部无刻度处,并使滴定管倾斜约 30°,右手拇指和食指拿住玻璃球所在位置,其余三个指头托住乳胶管并使乳胶管向上弯曲,出口管向上倾斜,然后在玻璃球部位往一旁轻轻捏橡胶管,使溶液从管口流出（图 2.24）,再一边捏乳胶管一边把乳胶管放直（注意应在乳胶管放直后再松开拇指和食指,否则出口管仍会有气泡）。最后,将滴定管的外壁擦干。

（5）滴定管的读数

读数时应遵循下列原则:

① 装满或放出溶液后,必须等 1～2 min,使附着在内壁的溶液流下来,再进行读数。但如果放出溶液的速度较慢（如滴到最后阶段,每次只加半滴溶液时）,等 0.5～1 min 即可读数。每次读数前要检查一下管壁上是否挂有水珠,管尖是否有气泡。

② 读数时,用手拿滴定管上部无刻度处,使滴定管自然下垂,提起滴定管,使液面与视线平齐（图 2.24）。

③ 对于无色或浅色溶液,应读取弯月面下缘最低点。读数时,视线在弯月面下缘最

低点处,且与液面成水平(图 2.24);溶液颜色太深时,可读液面两侧的最高点且用白色卡片为背景。此时,视线应与该点成水平。注意,初读数应与终读数采用同一标准。

④ 必须读到小数点后第二位,即要求估计到 0.01 mL。注意,估计读数时,应考虑到刻度线本身的宽度。

⑤ 若是蓝白线滴定管,应当取蓝线上一两尖端相对点的位置读数。

⑥ 读取初读数前,应将管尖悬挂着的溶液除去,滴定至终点时应立即关闭旋塞,并注意不要使滴定管的出口管悬挂液滴,若有,应"靠"入锥形瓶中。

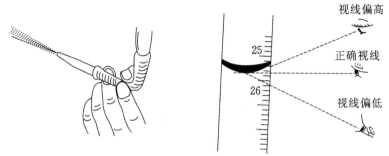

图 2.24 碱式滴定管排气与滴定管读数

（6）滴定管的操作方法

滴定时,应将滴定管垂直地夹在滴定管架上。若使用的是酸式滴定管,左手无名指和小指向手心弯曲,轻轻贴着出口管,用其余三指控制旋塞的转动(图 2.25)。但应注意不要向外拉旋塞,以免推出旋塞造成漏水;也不要过分往里面扣,以免造成旋塞转动困难,不能操作自如。

若使用的是碱式滴定管,用无名指及小指夹住出口管(左右手均可),拇指与食指在玻璃球所在部位往一旁捏乳胶管,使溶液从玻璃球旁空隙处流出(图 2.26)。注意:不要用力捏玻璃球,也不能使玻璃球上下移动;不要捏到玻璃球下部的乳胶管;停止加液时,应先松开拇指和食指,最后才松开无名指和小指。

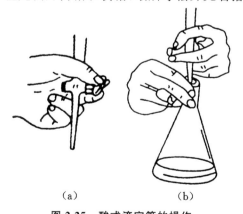

图 2.25 酸式滴定管的操作
（a）旋塞的操作;(b)滴定操作

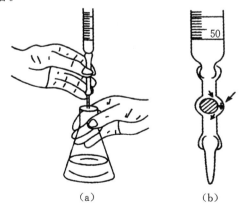

图 2.26 碱式滴定管的操作
（a）滴定操作;(b)溶液从缝隙流下

无论使用哪种滴定管,都必须掌握三种加液方法:逐渐连续滴加;只加一滴;使溶液悬而不落,即加半滴。

(7) 滴定操作

滴定操作可在锥形瓶或烧杯中进行,并以白瓷板作背景。

在锥形瓶中进行滴定时,用右手前三指拿住瓶颈,使瓶底离白瓷板 2～3 cm,同时调节滴定管的高度,使滴定管的下端伸入瓶口约 1 cm。左手按前述方法滴加溶液,右手运用腕力摇动锥形瓶,边滴加边摇动(图2.27)。滴定操作应注意以下几点:

① 摇瓶时,应使溶液向同一方向做圆周运动(左旋、右旋均可),但勿使瓶中溶液接触滴定管,也不得溅出。

② 滴定时,左手不得离开旋塞任其自流。

③ 注意观察液滴落点周围溶液颜色的变化。

④ 开始时,应边摇边滴,滴定速度可稍快,但不要使溶液流成水线。接近终点时,应改为加一滴,摇几下。最后,每加半滴,即摇动锥形瓶,直到溶液出现明显的颜色变化为止。加半滴溶液的方法如下:微微转动旋塞,使溶液悬挂在出口管嘴上,形成半滴,用锥形瓶内壁将其沾落,再用洗瓶以少量蒸馏水吹洗瓶壁。用碱式滴定管滴加半滴溶液时,应先松开拇指与食指,将悬挂的半滴溶液沾在锥形瓶内壁上,再放开无名指与小指,这样可避免出口管尖出现气泡。

⑤ 每次滴定最好从"0"开始(或从"0"附近的某一固定刻线开始),这样可减少误差。在烧杯中进行滴定时,将烧杯放在白瓷板上,调节滴定管高度,使滴定管下端伸入烧杯中心的左后方处,但不要靠壁过近。右手持搅拌棒在右前方搅拌溶液。在左手滴加溶液(图2.28)的同时,搅拌棒应做圆周运动,但不要接触烧杯壁和底,更不能碰滴定管嘴。

图 2.27 在锥形瓶中滴定

图 2.28 在烧杯中滴定

当加半滴溶液时,用搅拌棒下端承接悬挂的半滴溶液,放入溶液中搅拌。注意,搅拌棒只能接触液滴,不要接触滴定管尖。其他注意点与在锥形瓶中的滴定操作相同。

滴定结束后,滴定管内剩余的溶液应弃去,不得将其倒回原瓶,以免玷污整瓶操作溶液。随即洗净滴定管,并用蒸馏水充满全管,备用。

5. 台秤及电子天平的使用

（1）台秤的使用

台秤的构造如图 2.29 所示，其使用方法如下：

① 使用前的检查工作

先将游码拨至刻度尺左端"0"处，观察指针摆动情况。如果指针在刻度尺的左右摆动距离几乎相等，即表示台秤可以使用；如果指针在刻度尺的左右摆动距离相差很大，则应将调节零点的螺丝加以调节后方可使用。

② 物品称量

a. 称量的物品放在左盘，砝码放在右盘。

b. 先加大砝码，再加小砝码，最后（10 g 以内）用游码调节，至指针在刻度尺左右两边摇摆的距离几乎相等时为止。

c. 读取砝码和游码的数值至小数点后第一位，即得所称物品的质量。

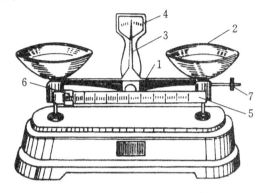

图 2.29 台秤

1—横梁；2—托盘；3—指针；4—刻度牌；
5—游码标尺；6—游码；7—平衡调节螺丝

d. 称量药品时，应在左盘放上已经称过质量的洁净干燥的容器，如表面皿、烧杯等，再将药品放入容器中，然后进行称量。

③ 称量后的结束工作

称量后，把砝码放回砝码盒中，将游码退到刻度"0"处，取下盘上的物品。台秤应保持清洁，如果不小心把药品洒在台秤上，必须立刻清理。

（2）电子天平的使用

电子天平（图 2.30）具有精度高、稳定性好等优点，但是其内部精密电子元件易受外界因素影响（尤其是不当的操作方法）。因此，在使用电子天平的时候一定要严格按照正确的使用方法使用，要将天平放在平坦的平台上，同时避免震动；此外，还要避免在阳光直射、受热和湿度比较大的场所使用。

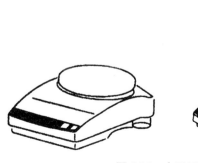

图 2.30 电子天平

电子天平使用方法如下：

① 调水平：天平开机前，应观察天平后部水平仪内的水泡是否位于圆环的中央，否则需通过天平的地脚螺栓进行调节，左旋升高，右旋下降。

② 预热：天平在初次接通电源或长时间断电后开机时，至少需要 30 min 的预热时间。因此，实验室的电子天平在通常情况下，不要切断电源。

③ 称量：按下 ON/OFF 键，接通显示器；等待仪器自检，当显示器显示零时，自检过程结束，天平可进行称量；放置称量纸，按显示屏两侧的 Tare 键去皮，待显示器显示零时，在称量纸加所要称量的试剂进行称量；称量完毕，按 ON/OFF 键，关断显示器。

电子天平使用注意事项如下：

① 为正确使用天平，必须熟悉天平的几种状态。

a.显示器右上角显示 O，表示显示器处于关断状态；

b.显示器左下角显示 O，表示仪器处于待机状态，可进行称量；

c.显示器左上角出现菱形标志，表示仪器的微处理器正在执行某个功能，此时不接受其他任务。

② 天平在安装时已经过严格校准，故不可轻易移动天平，否则校准工作需重新进行。

③ 严禁不使用称量纸直接称量！每次称量后，必须清洁天平，避免对天平造成污染而影响称量精度，以及影响他人的工作。

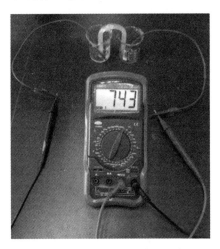

图 2.31　万用表测量原电池的电压

6. 万用表的使用

在化学实验中，常用万用表来测量原电池的电压，其操作步骤如下：

① 红表笔插入 VΩ 孔，黑表笔插入 COM 孔；

② 按图 2.31 中的黄色按键打开万用表，根据实验要求，将量程旋钮打到 V－挡位直流电压所需数值（本学期实验为 2V）；

③ 红表笔接原电池的正极，黑表笔接原电池的负极，即可从显示屏上读取测量的电压值；

④ 测量完成后，按下黄色电源按键，关闭万用表，以免损耗万用表电池。

第 3 章 实 验 部 分

实验一　化学实验导论与化学实验基本操作

一、实验目的

1. 了解化学实验室的规则和要求,掌握化学实验的三个阶段、实验报告的写法与要求。

2. 清点自己负责保管的化学实验常用仪器,熟悉其名称、规格、用途及使用注意事项。

3. 学习常用玻璃仪器的洗涤和干燥方法。

4. 学习固体和液体试剂的取用、试管基本操作、酒精灯的使用。

5. 练习吸量管、碱式滴定管及锥形瓶的使用。

二、仪器与试剂

1. 仪器

(1) 常用仪器:试管架与试管、洗瓶、量筒(10 mL)、烧杯(250 mL、100 mL)、表面皿、广口瓶、玻璃棒、滴管、试管夹、牛角勺、酒精灯、三脚架、泥三角、石棉网、点滴板。

(2) 其他仪器:吸耳球、吸量管(10 mL)、碱式滴定管(25 mL)、锥形瓶。

2. 试剂

$HCl(0.04 \text{ mol} \cdot L^{-1}、0.1 \text{ mol} \cdot L^{-1})$,$NaOH(0.04000 \text{ mol} \cdot L^{-1}$标准溶液、$0.1 \text{ mol} \cdot L^{-1})$,$CuSO_4 \cdot 5H_2O(s)$,$NaCl(s)$,酚酞(1%乙醇溶液),溴化百里酚蓝。

三、实验内容及要求

1. 了解化学实验室规则和要求,掌握化学实验报告的写法与要求(参看第 1 章"化学实验的基础知识")。

2. 清点常用基本仪器,并了解仪器名称、规格、用途及使用注意事项。注意此套仪器为个人保管,每次做完实验后,请逐一核对并收入实验柜子内。

3. 洗涤玻璃仪器:参照玻璃仪器的洗涤方法,将试管、烧杯、量筒、表面皿、广口瓶、玻璃棒、滴管洗涤干净,做到不挂水滴、不成股流下。

4. 参照玻璃仪器的干燥方法,烘干一支洗涤干净的试管,以备后面固体加热用。

5. 用滴管取用液体:用滴管向量筒内逐滴滴入 1 mL 蒸馏水,记下 1 mL 水大约有多少滴。

6. 用量筒取用液体:从 100 mL 烧杯中将蒸馏水倒入量筒中,分别用量筒准确量取 1 mL、2 mL、5 mL 蒸馏水,尽可能一次加到相应的刻度,并分别倒入三支试管中,观察占试管的容积量,比较并记住相应体积的液体在试管中所占的高度大致是多少,以便于以后做定性反应实验时直接取用。

7. 用吸量管取用液体:用吸量管(10 mL)准确移取 10.00 mL H_2O 至 100 mL 烧杯中,反复操作不少于三次,直到 1 min 内可以完成一次操作为止。

8. 由细口瓶倒入 1 mL NaOH(0.1 moL·L^{-1})溶液于试管中,用滴管加入一滴酚酞,观察颜色;再用滴管逐滴加入 HCl(0.1 mol·L^{-1})直到颜色褪去。

9. 固体的取用与试管中液体的加热:用牛角勺的小头取黄豆大小的食盐固体放入试管中,用洗瓶加入约 5 mL 蒸馏水,振荡试管,使食盐全部溶解。用试管夹夹住该试管,在酒精灯上加热至沸腾。注意试管口不要对人!注意酒精灯的使用方法及使用注意事项!

10. 固体的取用与试管中固体的加热:用牛角勺的小头取黄豆大小的固体 $CuSO_4$·$5H_2O$ 装入已烘干的试管中,用试管夹夹住该试管,试管口向下(为什么),用酒精灯加热试管,直至固体由蓝色变成白色。

11. 碱式滴定管及锥形瓶的使用练习:

(1)以水为对象练习碱式滴定管及锥形瓶的使用。将干净的碱式滴定管中加入蒸馏水,排气泡后调整水位至零刻度;用洗瓶往锥形瓶中加入约 20 mL 蒸馏水,进行边滴定边摇晃锥形瓶的练习。滴定时练习成滴不成线操作、逐滴操作、半滴操作。反复练习至能熟练操作为止。

(2)以标准氢氧化钠溶液滴定盐酸溶液。取洗净的 250 mL 锥形瓶一只,用吸量管准确移取 10.00 mL HCl(约 0.04 mol·L^{-1})加入锥形瓶中,再加 50 mL 蒸馏水和 2～3 滴溴化百里酚蓝指示剂,待摇匀后,用标准 NaOH 溶液(0.04000 mol·L^{-1},以实验室准确标定的浓度为准)滴定,溶液由黄色转变为鲜明的蓝色(30 s 不褪色),此时即为滴定终点。重复上述滴定操作,练习并掌握滴定操作和终点的观察,取三次平均值计算 HCl 溶液的浓度。将数据记录在表 3.1 中。

注意:每次滴定均从滴定管零刻度开始,滴定完后要精确读数,读至小数点后两位。

表 3.1　NaOH 标准溶液滴定 HCl 溶液数据记录与数据处理

指示剂：溴化百里酚蓝，$V(HCl) = 10.00$ mL，$c(NaOH) = $ ＿＿＿＿＿＿ mol·L^{-1}

	I	II	III
NaOH 初读数(mL)			
NaOH 终读数(mL)			
NaOH 消耗体积(mL)			
HCl 浓度(mol·L^{-1})			
HCl 浓度均值(mol·L^{-1})			

数据处理计算过程如下：

12. 实验完成后，请有序摆放试剂。根据本实验中所列的仪器，清点自己的实验仪器并收纳在实验柜中，清洁实验台面，在《学生实验报告书》中记录实验现象与数据，经老师检查、签字后方可离开实验室。

四、实验注意事项

1. 实验时注意集中精力，认真听讲并做好记录，要求独立、严谨地完成实验，不要大声喧哗，保持实验室的安静。

2. 实验仪器要随时保持有序，不要将玻璃仪器放在靠近实验台边沿的地方，以防摔破。

3. 试剂架上的试剂用完后要及时还原，并保持一条线摆放，以方便两边的同学取用。

4. 固体垃圾，如火柴梗、pH 试纸等，用完后请放入台面的烧杯中，实验完后集中倒入垃圾桶中。

五、思考题

1. 化学实验包含哪三个环节？如何才能保证你能完美地做好一次实验？谈谈你的看法。

2. 针对本次实验过程中成功与失败的地方，请总结自己的经验与教训。

实验二　氯化钠的提纯

一、实验目的

1. 通过沉淀反应,了解提纯氯化钠的方法。
2. 练习电子天平的使用以及倾析法过滤、吸滤、蒸发、结晶、干燥等基本操作。

二、实验原理

粗食盐中含有不溶性杂质(如泥沙等)和可溶性杂质(主要是 Ca^{2+}、Mg^{2+}、K^+、SO_4^{2-})。

1. 不溶性杂质除去方法:

粗食盐中的不溶性杂质(如泥沙等)在水中不溶解,形成沉淀,可通过过滤的方法除去。

2. Ca^{2+}、Mg^{2+}、SO_4^{2-} 除去方法:

可溶性杂质,如 Ca^{2+}、Mg^{2+}、SO_4^{2-} 等可加沉淀剂使其沉淀,然后过滤除去。

在粗食盐溶液中加入稍微过量的 $BaCl_2$ 溶液时,即可将 SO_4^{2-} 转化为难溶解的 $BaSO_4$ 沉淀而除去:

$$Ba^{2+} + SO_4^{2-} = BaSO_4(s)$$

将溶液过滤,除去 $BaSO_4$ 沉淀。再加入 $NaOH$ 和 Na_2CO_3 溶液,由于发生下列反应:

$$Mg^{2+} + 2OH^- = Mg(OH)_2(s)$$
$$Ca^{2+} + CO_3^{2-} = CaCO_3(s)$$
$$Ba^{2+} + CO_3^{2-} = BaCO_3(s)$$

食盐溶液中的杂质 Mg^{2+}、Ca^{2+} 以及沉淀 SO_4^{2-} 时加入的过量 Ba^{2+} 便相应转化为难溶的 $Mg(OH)_2$、$CaCO_3$、$BaCO_3$ 沉淀,可通过过滤的方法除去。过量的 $NaOH$ 和 Na_2CO_3 可以用盐酸中和除去。

3. K^+ 除去方法:

少量可溶性的杂质(如 KCl)由于含量很少,在蒸发浓缩和结晶过程中仍留在溶液中,不会和 NaCl 同时结晶出来,可通过抽滤除去。

三、仪器、试剂和其他材料

1. 仪器:研钵、电子天平、坩埚钳、普通漏斗、漏斗架、布氏漏斗、吸滤瓶、蒸发皿(100 mL)。
2. 试剂:粗食盐,$HCl(2 \ mol \cdot L^{-1})$,$NaOH(2 \ mol \cdot L^{-1})$,$BaCl_2(1 \ mol \cdot L^{-1})$,$Na_2CO_3(1 \ mol \cdot L^{-1})$,$(NH_4)_2C_2O_4(0.5 \ mol \cdot L^{-1})$,镁试剂。
3. 其他材料:pH 试纸、滤纸。

四、实验步骤

1. 粗食盐的提纯

（1）研磨、称量并溶解粗食盐：在研钵中倒入约 1/3 体积的粗食盐，用力研细。在电子天平上放称量纸，去皮后称取 8 g 左右粗食盐，记录所称粗食盐的准确质量。将称量的粗食盐倒入已加 30 mL 蒸馏水的 100 mL 小烧杯中，将烧杯放在石棉网上，用酒精灯加热，同时用玻璃棒搅动，使粗食盐充分溶解。

（2）除 SO_4^{2-} 离子：继续加热至溶液沸腾时，在搅动下逐滴加入约 2 mL $BaCl_2$（1 mol·L^{-1}）溶液至 SO_4^{2-} 沉淀完全，继续加热约 3 min，使 $BaSO_4$ 颗粒长大而易于沉淀和过滤。停止加热，将烧杯从石棉网上取下，静置使沉淀沉降，上层为清液。

（3）检验 SO_4^{2-} 离子是否沉淀完全：为了检验 SO_4^{2-} 离子是否沉淀完全，在上层清液中加入 1~2 滴 $BaCl_2$ 溶液，观察澄清液中是否还有浑浊现象，如果无浑浊现象，说明 SO_4^{2-} 已完全沉淀；如果仍有浑浊现象，则需继续滴加 $BaCl_2$ 溶液，直至在上层清液中加入一滴 $BaCl_2$ 后，不再产生浑浊现象为止。

（4）普通漏斗倾析法过滤：轻拿沉淀已沉降的烧杯，采用普通漏斗倾析法过滤，滤液用 100 mL 小烧杯盛接。先将清液小心地沿玻璃棒倒入已放上滤纸的漏斗中。待清液滤完后，再将沉淀转移到滤纸上。最后，用洗瓶吹出少量蒸馏水，洗涤沉淀 2~3 次。

（5）去除 Mg^{2+}、Ca^{2+} 以及 Ba^{2+}：在滤液中加入 1 mL NaOH（2 mol·L^{-1}）和 3 mL Na_2CO_3（1 mol·L^{-1}），加热至沸腾，停止加热。静置待沉淀沉降后，在上层清液中滴加 Na_2CO_3（1 mol·L^{-1}）溶液至不再产生沉淀为止，用普通漏斗过滤，滤液用蒸发皿盛接。

（6）用盐酸中和过量的 NaOH 和 Na_2CO_3：在蒸发皿的滤液中逐滴加入 HCl（2 mol·L^{-1}），并用玻璃棒蘸取滤液在广泛 pH 试纸上试验，直至溶液呈微酸性为止（pH≈6）。

（7）蒸发、结晶：将蒸发皿用小火加热蒸发，浓缩至稀粥状的稠液，停止加热。注意切不可将溶液蒸发至干（为什么）。

（8）吸滤法过滤：冷却后，用布氏漏斗过滤，尽量将结晶抽干。注意真空泵的使用方法！

（9）将结晶从布氏漏斗转移至蒸发皿中，在石棉网上用小火加热干燥。冷却后，称出产品的质量，并计算产量百分率。

2. 产品纯度的检验

称取 1 g 提纯后的食盐，用 5 mL 蒸馏水溶解，然后均分至三支试管中，分别检验 SO_4^{2-}、Ca^{2+} 和 Mg^{2+} 的纯度。

（1）SO_4^{2-} 的检验：在第一支试管中加入 2 滴 HCl（2 mol·L^{-1}）溶液和 2 滴 $BaCl_2$（1 mol·L^{-1}）溶液，观察 $BaSO_4$ 沉淀产生的情况，在提纯的食盐溶液中应该无白色沉淀产生。

(2) Ca^{2+} 的检验:在第二支试管中,加入 2 滴草酸铵 $(NH_4)_2C_2O_4$(0.5 mol·L^{-1})溶液,在提纯的食盐溶液中应无白色难溶的草酸钙 CaC_2O_4 沉淀产生。

(3) Mg^{2+} 的检验:在第三支试管中,加入 2～3 滴 NaOH(1 mol·L^{-1})溶液,使溶液呈碱性(用 pH 试纸试验),再加入 2～3 滴"镁试剂",在提纯的食盐溶液中应无天蓝色沉淀产生。镁试剂是一种有机染料,它在酸性溶液中呈黄色,在碱性溶液中呈红色或紫色,但被 $Mg(OH)_2$ 沉淀吸收后,则呈天蓝色,因此可以用来检验 Mg^{2+} 的存在。

五、数据处理与结果分析讨论

1. 数据记录表

将所得数据记录在表 3.2 及表 3.3 中。

表 3.2　粗食盐提纯

粗食盐质量 m_1(g)	提纯后食盐质量 m_2(g)	产量百分率(%)

表 3.3　产品纯度检验结果(注:交给老师评判等级)

	SO_4^{2-} 检验	Ca^{2+} 检验	Mg^{2+} 检验
现象			
等级			

2. 请针对自己的实验结果,从操作与原理上和实际操作上分析讨论影响产率、纯度的因素,并简要地总结实验中存在的问题及有待改进的地方。

六、实验注意事项

1. 实验过程涉及的步骤较多,一定要边做实验边进一步理解实验过程,做到心中有数。实验时注意力要集中,提高实验效率,不要随意走动,保持安静,独立完成实验。

2. 本实验涉及的操作内容较多,要理解每项操作的要点。

3. 加热操作的装置要放在实验台靠里面的地方,要防止装置被碰倒!

七、思考题

1. 怎样除去粗盐中的杂质,如 Mg^{2+}、Ca^{2+}、K^+ 和 SO_4^{2-} 等离子?

2. 怎样除去过量的沉淀剂 $BaCl_2$、NaOH 和 Na_2CO_3?

3. 倾析法过滤的要点是什么?吸滤法过滤操作时要注意什么?

4. 提纯后的食盐溶液浓缩时为什么不能蒸干?

实验三　酸碱平衡与沉淀—溶解平衡

一、实验目的

1. 通过实验加深对电离平衡,电离平衡移动(同离子效应),盐类水解等理论的理解。
2. 熟悉用不同 pH 值范围的试纸测量各种溶液的 pH 值。
3. 学习缓冲溶液的配制,并了解它的缓冲作用。
4. 了解沉淀的生成和溶解的条件。
5. 了解分步沉淀和沉淀的转化。
6. 利用沉淀反应分离混合离子。
7. 学习沉淀洗涤操作、电动离心机的使用。

二、实验原理

1. 弱电解质在溶液中的电离及其移动

若 AB 为弱酸或弱碱,则在水溶液中存在下列电离平衡

$$AB \Longleftrightarrow A^+ + B^-$$

达到平衡时,溶液中未电离的 AB 的浓度和由 AB 电离产生的 A^+ 或 B^- 离子的浓度之间存在如下定量关系:

$$K_{AB}^{\ominus} = \frac{\left\{c(A^+)/c^{\ominus}\right\}\left\{c(B^-)/c^{\ominus}\right\}}{\left\{c(AB)/c^{\ominus}\right\}}$$

在此平衡体系中,若加入含有相同离子的强电解质,即增加 A^+ 或 B^- 离子的浓度,则平衡向生成 AB 分子的方向移动,使弱电解质 AB 的电离度降低,这种效应叫作同离子效应。

2. 盐类的水解反应

盐类的水解反应是由组成盐的离子和水电离出来的 H^+ 或 OH^- 离子作用,生成弱酸或弱碱的反应过程。水解后溶液的酸碱性取决于盐的类型,对一元弱酸盐或弱碱盐,升高温度和稀释溶液,都有利于水解的进行。如果盐类的水解产物溶解度很小,则它们水解后会产生沉淀,以 $BiCl_3$ 为例:

$$BiCl_3 + H_2O \Longleftrightarrow BiOCl_{(s)} + 2HCl$$

加入 HCl,则上述平衡向左移动,如果预先加入一定浓度的 HCl 可防止沉淀的产生。

两种都能水解的盐,如果其中一种水解后溶液呈酸性,另一种水解后溶液呈碱性,当这两种盐相混合时,彼此可以加剧水解反应。例如:Na_2SiO_3 和 NH_4Cl 溶液混合前分别

发生以下水解反应：

$$SiO_3^{2-} + 2H_2O \rightleftharpoons H_2SiO_3(s) + 2OH^-$$

$$NH_4^+ + H_2O \rightleftharpoons NH_3 \cdot H_2O + H^+$$

混合后由于 H^+ 和 OH^- 结合生成难电离的水,因此上述两种平衡都被破坏,而产生 H_2SiO_3 沉淀和气体 NH_3。

$$2HN_4^+ + SiO_3^{2-} + 2H_2O \rightleftharpoons H_2SiO_3(s) + 2NH_3 \cdot H_2O$$
$$\qquad\qquad\qquad\qquad\qquad\qquad \lfloor\!\!-2NH_3(g) + 2H_2O$$

3. 缓冲溶液

弱酸及其盐(例如 HAc 和 NaAc)或弱碱及其盐(例如 $NH_3 \cdot H_2O$ 和 NH_4Cl)的混合溶液,能在一定程度上对外来的酸碱起缓冲作用,即当在其中加入少量酸、碱或稀释时,溶液 pH 值改变很小,这种溶液叫作缓冲溶液。

4. 沉淀的生成和溶解

在 PbI_2 的饱和溶液中,建立起如下的平衡:

$$PbI_2(s) \rightleftharpoons Pb^{2+} + 2I^-$$

平衡常数表达式为:

$$K_{sp}^{\ominus} = \left\{ c(Pb^{2+})/c^{\ominus} \right\} \left\{ c(I^-)/c^{\ominus} \right\}^2$$

其中,$K_{sp}^{\ominus}$ 表示在难溶电解质饱和溶液中,难溶电解质离子活度幂的乘积,称为**溶度积**。**根据溶度积规则**,比较反应商 Q 与溶度积 $K_{sp}^{\ominus}$ 的大小,可判断沉淀的生成和溶解。

(1) $Q > K_{sp}^{\ominus}$,溶液过饱和,有沉淀析出;

(2) $Q = K_{sp}^{\ominus}$,溶液饱和;

(3) $Q < K_{sp}^{\ominus}$,溶液未饱和,无沉淀析出。

5. 分步沉淀和沉淀的转化

如果溶液中同时含有数种离子,当逐步加入某种试剂可能与溶液中的几种离子发生反应而生成几种沉淀时,溶度积规则可用来判断沉淀反应进行的程度。当某种难溶电解质的离子浓度幂的乘积首先达到它的溶度积时,这种难溶电解质先沉淀出来。然后,当第二种难溶电解质的溶度积小于它的离子浓度幂的乘积时,第二种沉淀便开始析出。这种先后沉淀的次序称为**分步沉淀**。

使一种难溶电解质转化为另一种难溶电解质,即把一种沉淀转化为另一种沉淀的过程称为**沉淀的转化**。一般来说,溶度积大的难溶电解质容易转化为溶度积小的难溶电解质。但也有相反的情况。转化能否进行,可由转化反应的平衡常数的大小来判断。

沉淀溶解是加入某种试剂降低了难溶电解质中某离子浓度,从而使离子浓度幂的乘积小于 $K_{sp}^{\ominus}$,使沉淀溶解。

三、实验用品

1. 仪器

离心机,吸量管(10 mL)。

2. 试剂

酸:HCl($0.01\ mol \cdot L^{-1}$、$0.1\ mol \cdot L^{-1}$、$6\ mol \cdot L^{-1}$),HAc($0.1\ mol \cdot L^{-1}$、$1.0\ mol \cdot L^{-1}$)。

碱:NaOH($0.1\ mol \cdot L^{-1}$),$NH_3 \cdot H_2O$($0.1\ mol \cdot L^{-1}$、$2\ mol \cdot L^{-1}$)。

盐:NaAc($1.0\ mol \cdot L^{-1}$),Na_2SiO_3(20%),NH_4Ac($0.1\ mol \cdot L^{-1}$,$1.0\ mol \cdot L^{-1}$),NaCl($0.1\ mol \cdot L^{-1}$,$1\ mol \cdot L^{-1}$),$FeCl_3$($0.1\ mol \cdot L^{-1}$),KI($0.01\ mol \cdot L^{-1}$,$0.1\ mol \cdot L^{-1}$),K_2CrO_4($0.1\ mol \cdot L^{-1}$),Na_2S($0.1\ mol \cdot L^{-1}$),Na_2CO_3($0.1\ mol \cdot L^{-1}$),NH_4Cl($0.1\ mol \cdot L^{-1}$、$1\ mol \cdot L^{-1}$),$AgNO_3$($0.1\ mol \cdot L^{-1}$),$ZnCl_2$($0.1\ mol \cdot L^{-1}$),$Pb(NO_3)_2$($0.1\ mol \cdot L^{-1}$、$0.001\ mol \cdot L^{-1}$),PbI_2(饱和)。

固体:NaAc,NH_4Ac,$NaNO_3$,$BiCl_3$。

其他:pH 试纸(广泛,精密),酚酞(0.1%),甲基橙(0.1%)。

四、实验内容及要求

1. 酸碱平衡

表 3.4 中,除蒸馏水外各溶液的浓度均为 $0.1\ mol \cdot L^{-1}$,试用广泛 pH 试纸测定它们的 pH 值,观察 pH 试纸的颜色并与计算结果相比较。

表 3.4 pH 值比较

试 液	NaOH	Na_2CO_3	氨水	蒸馏水	HAc
pH 试纸颜色					
pH 测定值					
pH 计算值					

将表中各物质按测得的 pH 值从小到大排列成序,并写出各物质的电离反应式。

(1) 同离子效应

① 在两点滴板穴中分别滴加 2 滴氨水($0.1\ mol \cdot L^{-1}$),再各加 1 滴酚酞,观察溶液显什么颜色。再向其中一点滴板穴中加入绿豆粒大的固体 NH_4Ac,摇荡使之溶解,观察溶液的颜色,并与另一点滴板穴中的溶液相比较,说明其原因。结合上述实验,讨论电离平衡的移动。

② 在两点滴板穴中分别滴加 2 滴 HAc(0.1 mol·L^{-1})溶液,再各加 1 滴甲基橙,观察溶液显什么颜色。再向其中一点滴板穴中加绿豆粒大小的固体 NaAc,摇荡使之溶解,观察溶液的颜色,与另一点滴板穴中的溶液相比较,说明其原因。

(2)盐类的水解

① 用精密 pH 试纸测定表 3.5 中所列溶液(均为 0.1 mol·L^{-1})的 pH 值。

表 3.5　用精密 pH 试纸测定溶液 pH 值

试液	NaCl	NH$_4$Cl	NH$_4$Ac
pH 计算值			
pH 测定值			

② 演示实验:滴加 1 mL FeCl$_3$(0.1 mol·L^{-1})溶液于小烧杯中,再加入 30 mL H$_2$O,放置在石棉网上,盖上表面皿,用酒精灯加热至沸腾,观察有何现象?用红色激光笔照射溶液,观察有何现象?写出反应式。

③ 取圆珠笔尖大小(尽可能少)的固体 BiCl$_3$ 于试管中,加 4～5 滴蒸馏水,观察有什么现象?用玻璃棒蘸取溶液测一下 pH 值。滴加 HCl(6 mol·L^{-1})溶液并振荡试管使溶液恰好变澄清,再加水稀释,又有什么现象?怎样用平衡移动原理解释这一系列现象?由此了解实验室配制 BiCl$_3$ 溶液时应该怎样做。

④ 在 1 mL Na$_2$SiO$_3$(20%)溶液中加入 1 mL NH$_4$Cl(1 mol·L^{-1})溶液,摇匀后稍待片刻,观察有何现象?解释原因并写出该反应的离子方程式。

(3)缓冲溶液的配制和性质

① 在试管中加入 5 mL 蒸馏水,用广泛 pH 试纸测定其 pH 值,加入 1 滴 HCl (0.01 mol·L^{-1})溶液,摇匀后测定该溶液的 pH 值。将溶液分成三等份,分别加一滴 HCl(0.1 mol·L^{-1})溶液,一滴 NaOH(0.1 mol·L^{-1})溶液,加 3 mL H$_2$O,再分别测定 pH 值。将结果记录在表 3.6 中,比较并解释 pH 值的变化原因。

表 3.6　pH 值的变化

试液	5 mL H$_2$O	5 mL H$_2$O 加 1 滴 HCl (0.01 mol·L^{-1})	5 mL H$_2$O+1 滴 HCl(0.01 mol·L^{-1})溶液分成三等份		
			加 1 滴 HCl(0.1 mol·L^{-1})	加 1 滴 NaOH(0.1 mol·L^{-1})	加 3 mL H$_2$O
pH 值					

② 配制 pH=4.74 的 HAc-NaAc 缓冲溶液 10 mL,应取_____mL HAc(1.0 mol·L^{-1})溶液和_____mL NaAc(1.0 mol·L^{-1})溶液?用吸量管分别准确移取两溶液于 100 mL 小烧杯中混合均匀,用精密 pH 试纸测定 pH 值。将溶液均分至 3 支试管中,在其中分别加入

5 滴 HCl(0.1 mol·L^{-1})溶液,5 滴 NaOH(0.1 mol·L^{-1})溶液,3 mLH$_2$O(如表 3.7 所示),再用精密 pH 试纸分别测定它们的 pH 值,填入表 3.7 中。与原来缓冲溶液的 pH 值进行比较,pH 值是否有变化? 解释其原因。

表 3.7 pH 值比较

	缓冲溶液 10 mL	缓冲溶液 +5 滴 HCl (0.1 mol·L^{-1})	缓冲溶液 +5 滴 NaOH (0.1 mol·L^{-1})	缓冲溶液 +3mL H$_2$O
pH 计算值				
pH 测定值				

注:若有条件可用酸度计测量缓冲溶液的 pH 值;计算时统一取 20 滴＝1 mL,HAc 电离常数 $K_a^{\ominus}=1.8\times10^{-5}$。

2. 沉淀—溶解平衡

(1) 溶度积规则的应用

① 在点滴板中加入 2 滴 Pb(NO$_3$)$_2$(0.1 mol·L^{-1})溶液,再加入 2 滴 KI(0.1 mol·L^{-1})溶液,观察有无沉淀生成。

② 用 2 滴 Pb(NO$_3$)$_2$(0.001 mol·L^{-1})溶液和 2 滴 KI(0.01 mol·L^{-1})溶液进行实验,观察现象。

③ 在点滴板中加入 1 滴 AgNO$_3$(0.1 mol·L^{-1})溶液,再加入 1 滴 K$_2$CrO$_4$(0.1 mol·L^{-1})溶液,记录沉淀的颜色。

④ 在点滴板中加入 1 滴 Pb(NO$_3$)$_2$(0.1 mol·L^{-1})溶液,再加入 1 滴 K$_2$CrO$_4$(0.1 mol·L^{-1})溶液,记录沉淀的颜色。

⑤ 在点滴板中加入 2 滴 Na$_2$S(0.1 mol·L^{-1})溶液,再加入 2 滴 Pb(NO$_3$)$_2$(0.1 mol·L^{-1})溶液,记录沉淀的颜色。

写出上述各实验的化学反应离子方程式;若每滴以 0.05 mL 计,根据溶度积规则,计算说明上述现象。

(2) 分步沉淀

① 取 1 滴 AgNO$_3$(0.1 mol·L^{-1})溶液和 3 滴 Pb(NO$_3$)$_2$(0.1 mol·L^{-1})溶液加入试管中,再加入 2 mL 蒸馏水稀释,摇匀后先加入 1 滴 K$_2$CrO$_4$(0.1 mol·L^{-1})溶液,振荡试管,观察沉淀的颜色,再继续滴加 K$_2$CrO$_4$(0.1 mol·L^{-1})溶液,沉淀颜色有何变化? 写出离子反应式,根据沉淀颜色的变化,判断哪种难溶物质先沉淀,并通过计算说明原因。

② 在试管中加入 1 滴 Na$_2$S(0.1 mol·L^{-1})溶液和 5 滴 K$_2$CrO$_4$(0.1 mol·L^{-1})溶液,稀释至 3 mL,逐滴加入 Pb(NO$_3$)$_2$(0.1 mol·L^{-1})溶液,观察首先生成沉淀的颜色是黑色还是黄色? 沉淀后,再向清液中滴入 Pb(NO$_3$)$_2$(0.1 mol·L^{-1})溶液,会出现什么颜色的沉淀?

写出离子反应式,根据沉淀颜色的变化,判断哪种难溶物质先沉淀,并通过计算说明原因。

（3）沉淀的转化

① 取 1 滴 $AgNO_3$（0.1 mol·L^{-1}）溶液于点滴板中,再加入 1 滴 K_2CrO_4（0.1 mol·L^{-1}）溶液,用玻璃棒搅拌,观察沉淀的颜色,再逐滴加入 $NaCl$（1 mol·L^{-1}）,用玻璃棒搅拌,直到红色沉淀消失,白色沉淀生成为止。写出离子反应式,并计算该转化反应的平衡常数。

② 在离心试管中,滴入 2 滴 $Pb(NO_3)_2$（0.1 mol·L^{-1}）溶液,再滴入 3 滴 $NaCl$（1 mol·L^{-1}）溶液,待沉淀完全后,离心分离,用 2 滴蒸馏水洗涤沉淀一次,然后在 $PbCl_2$ 沉淀中滴入 1 滴 KI（0.1 mol·L^{-1}）溶液,观察沉淀颜色的变化,然后在上述沉淀中滴加 Na_2S（0.1 mol·L^{-1}）溶液,观察沉淀颜色的变化。写出离子反应式,并计算两个沉淀转化的平衡常数。

（4）沉淀的溶解

① 沉淀的酸溶解:取 3 滴 $ZnCl_2$（0.1 mol·L^{-1}）溶液滴入点滴板中,加入 1 滴 Na_2S（0.1 mol·L^{-1}）溶液,观察沉淀的生成和颜色,再加入 1～2 滴 HCl（6 mol·L^{-1}）溶液,观察沉淀是否溶解？写出离子反应式。

② 沉淀的配位溶解:取 1 滴 $AgNO_3$（0.1 mol·L^{-1}）溶液于点滴板中,加入 1 滴 $NaCl$（0.1 mol·L^{-1}）溶液,观察沉淀的生成。再逐滴加入氨水（2 mol·L^{-1}）,观察沉淀是否溶解？写出离子反应式。

③ 沉淀的盐效应溶解:取 1 滴饱和 PbI_2 溶液于点滴板上,再加入 2～3 滴 KI（0.1 mol·L^{-1}）溶液,观察是否有沉淀生成。再加入绿豆大小的固体 $NaNO_3$,用玻璃棒搅拌,观察实验现象并解释。

五、实验注意事项

1. 本次实验试剂较多,试剂用完后要及时还原,并保持一条线摆放,切勿交错放置,影响自己和他人使用。

2. 同种名称的试剂有不同的浓度,取用试剂时注意看清浓度,不要拿错。

3. 注意离心机的操作步骤,放置离心试管时记住对应的编号,切勿拿错。

六、思考题

1. 同离子效应对弱电解质的电离度是如何影响的？本实验中如何实验这种效应？

2. 在缓冲溶液中加入少量强酸或强碱,加水稀释后,pH 值是否变化？为什么？

3. 如何根据溶度积规则判断 PbI_2 沉淀的生成？

4. 什么是分步沉淀？根据什么判断溶液中离子被沉淀的先后顺序？$K_{sp}^{\ominus}$ 小的是否一定先沉淀？

5. AB 型与 AB_2 型两种沉淀,它们的 $K_{sp}^{\ominus}$ 值大小能否说明溶解度的大小？

实验四　配位平衡与电化学平衡

一、实验目的

　　1. 了解配离子的生成和组成,配位化合物与简单离子、复盐的区别。

　　2. 理解配离子的配位平衡及其移动。

　　3. 掌握电极电势对氧化还原反应的影响。

　　4. 了解氧化型或还原型物质浓度、溶液酸度改变对电极电势的影响。

　　5. 了解原电池的装置和反应。

二、实验原理

　　1. 配位化合物

　　配位化合物一般分为内界和外界两部分。中心离子和配位体组成配合物的内界(称配位离子或分子),配位离子以外的部分为外界。螯合物是由中心离子与配位体形成的环状结构的配合物,螯合物比一般配合物的稳定性好,很多金属的螯合物具有特征颜色,且难溶于水,可作为鉴定离子的特征反应。配位化合物与复盐不同,在水溶液中,配位离子只有一部分电离成为简单离子,而复盐则全部电离为简单离子。

　　配位离子在溶液中存在配位平衡,如:

$$Ag^+ + 2NH_3 \rightleftharpoons [Ag(NH_3)_2]^+$$

　　根据平衡移动的原理,改变中心离子或配位体的浓度会使配位平衡发生移动。沉淀生成、氧化还原反应、介质的酸碱性都可影响配位平衡的方向。

　　当简单离子或原子形成配位离子或分子后,会发生某些性质的改变,如颜色、酸碱性的改变,使难溶化合物溶解,形成体氧化还原性的改变等。

　　2. 氧化还原反应——电化学

　　氧化还原过程也就是电子的转移过程。在水溶液中,氧化剂和还原剂得、失电子能力的大小可用它们的氧化还原电对的电极电势相对大小衡量,一个电对的电极电势愈大,其氧化型氧化能力愈强,还原型还原能力愈弱;反之亦然。所以根据其电极电势的大小,可判断一个氧化还原反应进行的方向。例如,已知 $\varphi^\ominus(I_2/I^-) = 0.535$ V, $\varphi^\ominus(Fe^{3+}/Fe^{2+}) = 0.771$ V,则下列 Fe^{3+} 氧化 I^- 的反应在标准状态下向右进行,这可用反应过程的 $E^\ominus > 0$ 来判断$[E^\ominus = \varphi^\ominus(Fe^{3+}/Fe^{2+}) - \varphi^\ominus(I_2/I_1) = 0.236$ V$]$。

$$2Fe^{3+} + 2I^- = I_2 + 2Fe^{2+}$$

　　浓度与电极电势的关系(25 ℃)可用能斯特(Nernst)方程式表示:

$$\varphi = \varphi^{\ominus} - \frac{0.0592\ \text{V}}{n}\lg\frac{c\,(还原型)}{c\,(氧化型)}$$

原电池的能斯特(Nernst)方程式:

$$E = E^{\ominus} - \frac{0.0592\ \text{V}}{n}\lg Q$$

在常温下,由能斯特方程可知道,改变氧化态或还原态浓度均可使 φ 值改变,在有酸根离子参加的氧化还原反应中,经常有 H^+ 离子参加,这样介质酸度也对 φ 值产生影响,因此,浓度和酸度影响氧化还原反应的方向。

原电池电动势 E(或 $E^{\ominus}$)值仅从热力学角度衡量反应的可能性和进行的程度,它和平衡到达的快慢,即反应速率的大小无关。因此对于一个氧化还原反应来说,不能一概认为 $E^{\ominus}$ 值愈大,该反应速率就愈大。大多数情况下,只要热力学条件允许,动力学的反应速率不影响反应的正常进行。但也存在反应的可能性很大,反应速率却很慢,导致氧化还原反应缓慢进行。例如:酸度会影响下列反应的速率:

$$2KMnO_4 + 10KBr + 8H_2SO_4 =\!=\!= 6K_2SO_4 + 2MnSO_4 + 5Br_2 + 8H_2O$$

$$5KBr + 18HAc + 6KMnO_4 =\!=\!= 5KBrO_3 + 6KAc + 6MnAc_2 + 9H_2O$$

催化剂会影响下列反应的快慢:

$$2Mn^{2+} + 5S_2O_8^{2-} + 7H_2O \xrightarrow[\text{Ag}^+\ 催化]{\triangle} 2MnO_4^- + 10SO_4^{2-} + 16H^+$$

$$E^{\ominus} = 0.50\ \text{V} > 0$$

上述反应可以正向进行,但在无催化剂 Ag^+ 存在时,反应进行缓慢,不能很快观察到反应现象。

三、实验用品

1. 仪器

万用表,烧杯两个(50 mL),盐桥(充有琼脂的饱和 KCl 溶液的 U 型管)。

2. 试剂

酸:H_2SO_4(3 mol·L^{-1}),HCl (2 mol·L^{-1}),HAc (6mol·L^{-1})。

碱:NaOH (2 mol·L^{-1}),$NH_3·H_2O$(2 mol·L^{-1}、6 mol·L^{-1})。

盐:$CuSO_4$(0.1 mol·L^{-1}、0.5 mol·L^{-1}),$ZnSO_4$(0.1 mol·L^{-1}、0.5 mol·L^{-1}),$Pb(NO_3)_2$(0.5mol·L^{-1}),$FeCl_3$(0.1 mol·L^{-1}),$FeSO_4$(0.1 mol·L^{-1}),$K_2Cr_2O_7$(0.1 mol·L^{-1}),KSCN(0.1 mol·L^{-1}),$KMnO_4$(0.01 mol·L^{-1}),$K_3[Fe(CN)_6]$(0.1 mol·L^{-1}),$BaCl_2$(0.1 mol·L^{-1}),$NH_4[Fe(SO_4)]$(0.1 mol·L^{-1}),Na_2S(0.5 mol·L^{-1}),$AgNO_3$(0.1 mol·L^{-1}),NaCl(0.1 mol·L^{-1}),KBr(0.1 mol·L^{-1}),$Na_2S_2O_3$(1 mol·L^{-1},饱和),NaF(1 mol·L^{-1}),KI(0.1 mol·L^{-1}),$MnSO_4$(0.002 mol·L^{-1})。

固体：$K_2S_2O_8$，KIO_3，$MnSO_4 \cdot 2H_2O$，砂纸，铅粒，锌片，电极（锌片、铜片、铁片、炭棒），导线，KIO_3，丙二酸。

3. 其他

CCl_4 溶液，奈斯勒试剂，H_2O_2（3％）溶液，淀粉，pH 试纸。

四、实验内容及要求

1. 配位化合物与配位平衡

（1）配位化合物的组成，简单离子与配位离子的区别

① 在两个点滴板凹槽中分别加入 1 滴 $CuSO_4$（0.1 mol·L^{-1}）溶液，然后分别加入 1 滴 $BaCl_2$（0.1 mol·L^{-1}）溶液和 NaOH（2 mol·L^{-1}）溶液，观察现象。

② 在两支试管中分别加 2 滴 $CuSO_4$（0.1 mol·L^{-1}）溶液，各逐滴加入氨水（1∶1）至沉淀转变成深蓝色 $[Cu(NH_3)_4]^{2+}$ 溶液，再多加 2 滴氨水。在两支试管中分别加入 1 滴 $BaCl_2$（0.1 mol·L^{-1}）溶液和 1 滴 NaOH（2 mol·L^{-1}）溶液，观察是否都有沉淀生成。

写出上面实验的化学反应方程式，根据实验结果，说明 $CuSO_4$ 和配位化合物 $[Cu(NH_3)_4]SO_4$ 组成上的差别。

（2）配位化合物与复盐的区别

① 在点滴板上滴入 1 滴 $FeCl_3$（0.1 mol·L^{-1}）溶液，加 1 滴 KSCN（0.1 mol·L^{-1}）溶液，观察实验现象。

② 在点滴板上滴入 1 滴 $K_3[Fe(CN)_6]$（0.1 mol·L^{-1}）溶液，加 1 滴 KSCN（0.1 mol·L^{-1}）溶液，观察实验现象。

③ 在三个点滴板凹槽中，各滴入 2 滴 $NH_4[Fe(SO_4)_2]$（0.1 mol·L^{-1}）溶液，分别用奈斯勒试剂、KSCN 和 $BaCl_2$ 检验 NH_4^+、Fe^{3+}、SO_4^{2-} 的存在。

比较上述实验的结果，说明配位化合物、简单化合物和复盐有何区别。

（3）配离子的配位平衡及其移动

① 配离子的离解

试管中加入 5 滴 $ZnSO_4$（0.1 mol·L^{-1}）溶液，再加入 $NH_3 \cdot H_2O$（2 mol·L^{-1}）溶液至生成的白色沉淀完全溶解，将此溶液等分成两份，分别加入 2 滴 Na_2S（0.5 mol·L^{-1}）溶液和 2 滴 NaOH（2 mol·L^{-1}）溶液，观察现象并解释。

② 配位平衡与沉淀溶解平衡

往试管中加入 1 滴 $AgNO_3$（0.1 mol·L^{-1}）溶液，然后按下列次序进行实验，并写出每一步反应的离子方程式。

a. 滴加 NaCl（0.1 mol·L^{-1}）溶液，至生成沉淀（以刚生成沉淀为宜）。

b. 滴加氨水（6 mol·L^{-1}）溶液，至沉淀刚溶解（使沉淀刚溶解为宜，下同）。

c. 滴加 KBr（0.1 mol·L⁻¹）溶液,至生成沉淀。

d. 滴加 Na₂S₂O₃（1 mol·L⁻¹）溶液,边滴边摇荡,至沉淀溶解。

e. 加入 1 滴 KI（0.1 mol·L⁻¹）溶液,至生成沉淀。

f. 再滴加饱和 Na₂S₂O₃ 溶液,至沉淀刚溶解。

g. 滴加 Na₂S（0.5 mol·L⁻¹）溶液,至生成沉淀。

③ 配位平衡和氧化还原反应

在试管中加入 5 滴 FeCl₃（0.1 mol·L⁻¹）溶液,逐滴加入 KI（0.1 mol·L⁻¹）溶液直至出现红棕色,然后加入 CCl₄,振荡后,观察 CCl₄ 层颜色,解释现象,写出反应方程式。

在另一试管中加入 5 滴 FeCl₃（0.1 mol·L⁻¹）溶液,先逐滴加入 NaF（1 mol·L⁻¹）至溶液变为无色,加入 KI（0.1 mol·L⁻¹）溶液和 CCl₄ 振荡后,加入几滴 HCl（2 mol·L⁻¹）酸化,观察现象,写出反应方程式。

④ 配位平衡与介质的酸碱性

在试管中加入 5 滴 CuSO₄（0.1 mol·L⁻¹）溶液,滴加氨水（2 mol·L⁻¹）至生成的沉淀刚好溶解,观察溶液颜色。将此溶液逐滴加入 1~3 滴 H₂SO₄（3 mol·L⁻¹）,观察现象,再滴加 4 滴氨水（2 mol·L⁻¹）,又有何现象出现? 解释之。

2. 氧化还原反应——电化学

（1）电极电势与氧化还原反应的关系

① 在点滴板穴中分别加入 5 滴 Pb(NO₃)₂（0.5 mol·L⁻¹）和 5 滴 CuSO₄（0.5 mol·L⁻¹）,各放入一块表面擦净的锌片,观察锌片表面和溶液颜色有无变化?

② 在点滴板穴中分别加入 5 滴 ZnSO₄（0.5 mol·L⁻¹）和 5 滴 CuSO₄（0.5 mol·L⁻¹）,各放入一粒表面擦净的铅粒,观察有无变化?

写出可以进行的化学反应离子方程式,根据上面的实验结果定性比较 Zn、Pb、Cu 的还原性强弱顺序,Zn²⁺、Pb²⁺、Cu²⁺ 的氧化性强弱顺序,以及电极电势 $\varphi(Zn^{2+}/Zn)$、$\varphi(Pb^{2+}/Pb)$、$\varphi(Cu^{2+}/Cu)$ 的大小。

（2）酸度、催化剂对氧化还原反应产物、速率的影响

① 酸度对反应速率的影响:在两支各盛 0.5 mL KBr（0.1 mL·L⁻¹）的试管中,分别加入 0.5 mL H₂SO₄（3 mol·L⁻¹）和 0.5 mL HAc（6 mol·L⁻¹）溶液,然后向两试管中分别加入 2 滴 KMnO₄（0.01 mol·L⁻¹）,观察两试管中紫红色褪去的快慢,解释之。

② 催化剂对反应速率的影响:在 10 滴 H₂SO₄（3 mol·L⁻¹）中,加入 3 mL 蒸馏水和 5 滴 MnSO₄（0.002 mol·L⁻¹）溶液,混合后分成两份:往一份中加入黄豆大小的固体 K₂S₂O₈,微热,观察溶液有无变化;往另一份中加 1 滴 AgNO₃（0.1 mol·L⁻¹）溶液和同样量的 K₂S₂O₈,微热,观察溶液颜色变化。写出有关反应,解释之。

（3）浓度对铜-锌原电池电动势的影响

① 在两只 50 mL 的烧杯中,分别注入 8 mL ZnSO₄（0.1 mol·L⁻¹）和 8 mL CuSO₄

(0.1 mol·L^{-1})溶液,中间以盐桥相通。在 $ZnSO_4$ 溶液中插入锌片并用导线与万用表负极相连,在 $CuSO_4$ 溶液中插入铜片并用导线与万用表正极相连,近似测量两极间的电动势差 E_1。写出两个电池半反应和原电池反应,并用能斯特方程式加以说明。

② 取出盐桥,在 $CuSO_4$ 溶液中边搅拌边加入 6 mol·L^{-1} 氨水至生成的浅蓝色沉淀全部溶解,直至形成澄清透明的深蓝色溶液为止,再放入盐桥,近似测量两极间的电动势差 E_2。与 E_1 相比,电动势是升高还是降低?为什么?利用能斯特方程式解释实验现象。

③ 取出盐桥,在 $ZnSO_4$ 溶液中边搅拌边加入 6 mol·L^{-1} 氨水至生成的白色沉淀完全溶解,形成无色透明的溶液为止,再放入盐桥,近似测量两极间的电动势差 E_3。与 E_2 相比,电动势是升高还是降低?为什么?利用能斯特方程式解释实验现象。

(4)酸度的影响

① 在两只 50 mL 的小烧杯中,分别注入 8 mL $FeSO_4$(0.1 mol·L^{-1})和 8 mL $K_2Cr_2O_7$(0.1 mol·L^{-1})溶液。在 $FeSO_4$ 溶液中插入铁片并用导线与万用表负极相连,在 $K_2Cr_2O_7$ 溶液中插入炭棒并用导线与万用表正极相连,中间以盐桥相通。近似测量两极间的电势差 E_4。写出两个电池半反应和原电池反应,并用能斯特方程式加以说明。

② 在 $K_2Cr_2O_7$ 溶液中,加入 8 滴 H_2SO_4(3 mol·L^{-1})溶液,搅拌混合均匀,测量电势差 E_5。

③ 再在 $K_2Cr_2O_7$ 溶液中逐滴加入 3 mL NaOH(2.0 mol·L^{-1})溶液,搅拌混合均匀,观察电势差 E_6。用能斯特方程式加以说明。

(5)摇摆反应(过氧化氢的氧化还原性)

① 实验室已配制好 A、B、C 三种溶液,如表 3.8 所示。

表 3.8 A、B、C 三种溶液

A 溶液	B 溶液	C 溶液(辅助试剂)
量取 400 mL H_2O_2(30%)稀释到 1000 mL	称取 40 g KIO_3 和量取 40 mL H_2SO_4(2 mol·L^{-1})溶液,稀释到 1000 mL(此溶液相当于 HIO_3 溶液)	称取 15.5 g 丙二酸,3.5 g $MnSO_4$·$2H_2O$ 和 0.5 g 淀粉(先溶于热水)稀释到 1000 mL

② 实验方法:往试管中按任意顺序加入 A、B、C 三种溶液各 1 mL 混合均匀,少许时间溶液由无色变为蓝色,又由蓝色变为无色,如此反复十余次,最后变为蓝色。

③ 反应机理:摇摆反应的基本反应为

$$5H_2O_2(aq) + 2HIO_3(aq) \xrightarrow[\text{淀粉}]{\text{蓝色}} 5O_2(aq) + I_2(aq) + 6H_2O(l)$$

$$5H_2O_2(aq) + I_2(aq) \xrightarrow{\text{无色}} 2HIO_3(aq) + 4H_2O(l)$$

辅助试剂 C 溶液起到调节上述反应速率的作用。

试用元素电势图解释反应现象,探讨摇摆反应的机理和规律。

*附注:已知在酸性介质中元素电势图:

$$O_2 \xrightarrow{\quad 0.682\ V\quad} H_2O_2 \xrightarrow{\quad 1.77\ V\quad} H_2O \qquad\qquad IO_3^- \xrightarrow{\quad 1.20\ V\quad} I_2$$

五、实验注意事项

1. 本次实验试剂较多,试剂用完后要及时还原,并保持一条线摆放,切勿交错放置,影响自己和他人使用。

2. 使用完的铅粒、锌片,用玻璃棒挑出回收到实验室前面放置的回收烧杯中,千万不要倒入水槽!

3. 测量完原电池电动势后,注意关掉万用表电源,整理好电极。

六、思考题

1. 在有过量氨存在的$[Cu(NH_3)_4]^{2+}$溶液中,加入Na_2S、$NaOH$、HCl对配合物有何影响?

2. 已知$[Ag(S_2O_3)_2]^{3-}$比$[Ag(NH_3)_2]^+$稳定,如果把过量的$Na_2S_2O_3$溶液加到$[Ag(NH_3)_2]^+$溶液中会发生什么变化?为什么?

3. 总结配位平衡实验中观察到的现象,说明有哪些因素影响配位平衡?

4. 如何根据电极电势确定氧化剂或还原剂的相对强弱?

5. 制备氯气为什么用二氧化锰与浓HCl反应,而不能用稀盐酸?

实验五　酸碱溶液标定

一、实验目的

1. 学习以 $KHC_8H_4O_4$(邻苯二甲酸氢钾)作基准物质标定 NaOH 溶液浓度的原理和方法;学习以标准 NaOH 溶液标定 HCl 溶液浓度的原理和方法。

2. 初步掌握酸碱滴定原理和滴定操作。

3. 初步掌握容量瓶、移液管、滴定管等仪器的使用方法。

二、实验原理

NaOH 容易吸收空气中的水蒸气及 CO_2,浓盐酸浓度不确定且易挥发出 HCl 气体。因此,它们的标准溶液要用间接法配制,即先配制近似浓度的溶液,再用基准物质或另一标准溶液与之反应来标定该近似浓度溶液的准确浓度。显然,直接用基准物质标定的结果准确度高些。

常用来标定 NaOH 溶液的基准物质有 $KHC_8H_4O_4$(邻苯二甲酸氢钾)和 $H_2C_2O_4 \cdot 2H_2O$(二水合草酸),常用来标定 HCl 溶液的基准物质有无水 Na_2CO_3 和 $Na_2B_4O_7 \cdot 10H_2O$(硼砂)。

$KHC_8H_4O_4$ 易制得纯品,在空气中不吸水,易保存,摩尔质量较大,是一种较好的基准物质,标定反应为酸碱中和反应:

$$\begin{array}{c}\text{—COOK} \\ \text{—COOH}\end{array} + NaOH \Longrightarrow \begin{array}{c}\text{—COOK} \\ \text{—COONa}\end{array} + H_2O$$

反应产物为二元弱碱,在水溶液中显微碱性。

利用酸碱中和反应,可以测定酸或碱的物质的量浓度。

中和反应的化学计量点,可借助酸碱指示剂的颜色变化来确定。强碱滴定酸时,常用酚酞作指示剂;强酸滴定碱时,常用甲基橙作指示剂。酚酞的 pH 值变色范围是 8.0(无色)~9.6(红色),甲基橙的 pH 值变色范围是 3.1(红色)~4.4(黄色)。

三、实验用品

1. 仪器:25 mL 移液管 1 支,25 mL 酸式滴定管 1 支,25 mL 碱式滴定管 1 支,250 mL 锥形瓶 3 只,洗耳球 1 个,250 mL 容量瓶 1 只。

2. 药品:HCl(0.05 mol · L^{-1},待标定),NaOH(0.05 mol · L^{-1},待标定),$KHC_8H_4O_4$(实验二所得)。

3. 其他:酚酞(0.1%),甲基橙(0.1%)。

四、实验内容及要求

1. NaOH 溶液浓度的标定

（1）配制标准 $KHC_8H_4O_4$ 溶液

加少量水使 $KHC_8H_4O_4$ 晶体全部溶解，转移至 250 mL 容量瓶中，再用少量水淋洗烧杯及玻璃棒数次，并将每次淋洗的水全部转移至容量瓶中，最后用水稀释至刻度，摇匀，计算其准确浓度。

（2）标定 NaOH 溶液的浓度

① 取一支洗净的碱式滴定管，先用蒸馏水淋洗 3 次，再用 NaOH 溶液淋洗 3 次。注入 NaOH 溶液至"0"刻度线以上，去除橡皮管和尖嘴部分的气泡，再调节液面至"0"刻度线或其稍下位置。静置约 1 min 后记录液面初读数。

② 取一支洗净的 25 mL 移液管，用蒸馏水和标准 $KHC_8H_4O_4$ 溶液各淋洗 3 次。移取 25.00 mL 标准 $KHC_8H_4O_4$ 溶液于洁净的锥形瓶中，加 2 滴酚酞指示剂，摇匀。

③ 滴定前，先把悬挂在滴定管尖端的液滴除去。滴定时，右手持锥形瓶，左手大拇指和食指挤压玻璃珠旁边的橡皮管，进行滴定。滴定开始时，速度可稍快，呈"连滴不成线"，当接近终点时（此时每滴入一滴碱，溶液中出现的粉红色消失较慢）应逐滴加入碱溶液，每加一滴碱液都要摇均匀，直至溶液变成粉红色且半分钟内不消失，即认为已达终点。记下液面的终读数。

④ 重复上述滴定操作，直至三次所用 NaOH 溶液的体积相差不超过 0.05 mL 为止，取此三次平均值计算 NaOH 溶液的浓度。

2. HCl 溶液浓度的标定

（1）移取标准 NaOH 溶液

取刚标定过准确浓度的 NaOH 溶液，仍装入原碱式滴定管中，排除气泡，调节液面至"0"刻度线。以每分钟约 10 mL 的流速放出 20 mLNaOH 溶液于洁净的锥形瓶中，记录液面终读数，加入 2 滴甲基橙指示剂。

（2）标定 HCl 溶液的浓度

① 在洗净的酸式滴定管中，经蒸馏水、HCl 溶液各淋洗 3 次后，装入 HCl 溶液至"0"刻度线以上。排除气泡，调节液面至"0"刻度线或其稍下位置，约 1 min 后记录液面初读数。

② 除去管尖液滴。右手持锥形瓶，左手大拇指、食指和中指慢慢旋转活塞，使酸液逐滴滴入瓶内，同时右手不断摇动锥形瓶，使溶液均匀混合，直至溶液颜色由黄色突变为橙色时，即认为已达终点，记下液面终读数。

③ 重复上述滴定操作，直至三次所用 HCl 溶液的体积相差不超过 0.05 mL 为止，取

此三次平均值计算 HCl 溶液的浓度。

3. 记录与结果的表达

将测定数据、计算结果以表格形式列出。

五、数据记录与数据处理,结果分析讨论

1. 数据记录与数据处理

分别对 NaOH 溶液浓度的标定、NaOH 标准溶液滴定 HCl 溶液的数据进行记录(表3.9)及处理。

表 3.9　记录数据

实验次数	1	2	3
NaOH 初读数(mL)			
NaOH 终读数(mL)			
V(NaOH)消耗体积(mL)			
c(HCl)(mol·L^{-1})			
c(HCl)均值(mol·L^{-1})			

2. 结果分析与讨论

根据实验结果,对实验数据进行分析,从操作和原理上讨论影响结果的因素,总结实验中成功与失败的地方。

六、实验注意事项

1. 每次滴定最好从"0" mL 处开始,这样可以固定使用滴定管的某一段,以减小体积误差。滴定完后一定要取下滴定管读数,以保证读数的准确。

2. 摇锥形瓶时,应微动腕关节,使溶液向一个方向做圆周运动,但是勿使瓶口接触滴定管,溶液也不得溅出。

3. 注意观察液滴落点周围溶液颜色变化。开始时应边摇边滴,滴定速度可稍快(以每秒 3～4 滴为宜),但是不要形成连续水流。

4. 接近终点时应改为加一滴,摇几下,最后采用每次加半滴,直至溶液出现明显的颜色变化,而且半分钟内不褪色,准确到达终点为止。滴定时不要去看滴定管上方的体积,而不顾滴定反应的进行。加半滴溶液的方法如下:控制玻璃珠,使溶液悬挂在出口嘴上,形成半滴(有时还不到半滴),用锥形瓶内壁将其刮落,然后用洗瓶将内壁上的溶液吹洗到锥形瓶中。

七、思考题

1. 能否用移液管准确量取原装浓 HCl 试剂的方法配制 HCl 标准溶液？能否用分析天平准确称取 NaOH 固体的方法配制 NaOH 标准溶液？

2. 滴定管或移液管在装入（或吸取）操作溶液之前，为什么必须用操作溶液洗涤三次？用来滴定的锥形瓶是否也需用操作溶液洗涤？锥形瓶是否需要预先干燥？用来滴定的锥形瓶是否也需用操作溶液洗涤？

附注：一些导致误差的因素

(1) 读数：滴定前俯视或滴定后仰视（偏大），滴定前仰视或滴定后俯视（偏小）。

(2) 未用标准液润洗滴定管（偏大），未用待测溶液润洗滴定管（偏小）。

(3) 用待测液润洗锥形瓶（偏大）。

(4) 滴定前标准液滴定管尖嘴有气泡，滴定后尖嘴气泡消失（偏大）。

(5) 不小心将标准液滴在锥形瓶的外面（偏大）。

(6) 指示剂（可当作弱酸）用量过多（偏大）：当作弱酸，说明是酚酞作指示剂，碱滴定酸，相当于消耗更多的碱，所以结果偏大；指示剂（可当作弱碱）用量过多（偏大），当作弱碱，说明是甲基橙作指示剂，酸滴定碱，相当于消耗更多的酸，所以结果偏大。

(7) 滴定过程中，锥形瓶振荡太剧烈，有少量液滴溅出（偏小）。

(8) 开始时标准液在滴定管刻度线以上，未予以调整（偏小）。

(9) 碱式滴定管（量待测液用）或移液管内用蒸馏水洗净后直接注入待测液（偏小）。

(10) 移液管吸取待测液后，悬空放入锥形瓶，少量待测液洒在外面（偏小）。

(11) 滴定到指示剂颜色刚变化，就是到了滴定终点（偏小）。

(12) 锥形瓶用蒸馏水冲洗后，不经干燥便直接盛待测溶液（无影响）。

(13) 滴定接近终点时，有少量蒸馏水冲洗锥形瓶内壁（无影响）。

(14) 滴定时待测液滴定管尖嘴有气泡，滴定后尖嘴气泡消失（偏小）。

(15) 溶液颜色较浅时滴入酸液过快，停止滴定后反加一滴 NaOH 溶液颜色无变化（偏大）。

实验六 硫酸钙溶度积的测定

一、实验目的

1. 了解使用离子交换树脂的一般方法。
2. 用离子交换法测定硫酸钙的溶解度和溶度积。
3. 初步认识溶解度与溶度积相互换算的近似性。

二、实验原理

离子交换树脂是分子中含有活性基团而能与其他物质进行离子交换的高分子化合物。含有酸性基团而能与其他物质交换阳离子的称为阳离子交换树脂。含有碱性基团而能与其他物质交换阴离子的称为阴离子交换树脂。本实验中,用强酸型阳离子交换树脂(732 型)交换硫酸钙饱和溶液的 Ca^{2+}。其交换反应为

$$2R-SO_3H+Ca^{2+} \rightleftharpoons (R-SO_3)_2Ca+2H^+$$

由于 $CaSO_4$ 是微溶盐,其溶解部分除 Ca^{2+} 和 SO_4^{2-} 外,还有以离子对形式存在于水溶液中的 $CaSO_4$,因此饱和溶液中存在着离子对和简单离子间的平衡:

$$CaSO_4(aq) \rightleftharpoons Ca^{2+}+SO_4^{2-} \tag{1}$$

当溶液流经交换树脂时,由于 Ca^{2+} 离子被交换,(1)式平衡向右移动,$CaSO_4(aq)$ 离解,结果全部 Ca^{2+} 被交换为 H^+,根据流出液的 $c(H^+)$,可计算 $CaSO_4$ 的摩尔溶解度 S:

$$S=c(Ca^{2+})+c(CaSO_4(aq))=\frac{c(H^+)}{2} \tag{2}$$

$c(H^+)$ 值可用标准 NaOH 溶液滴定来求得。若取 25.00 mL $CaSO_4$ 饱和溶液,则有:

$$c(H^+)=\frac{c(NaOH)\cdot V(NaOH)}{25.00}$$

$$S=\frac{c(NaOH)\cdot V(NaOH)}{2\times25.00}$$

因此,再根据溶解度计算 $CaSO_4$ 的溶度积。设饱和 $CaSO_4$ 溶液中,Ca^{2+} 离子浓度为 c,则 SO_4^{2-} 离子浓度也为 c,由(2)式得 $CaSO_4(aq)$ 浓度为 $S-c$。

由(1)式平衡时,有:

$$K_d^\ominus=\frac{c(Ca^{2+})\cdot c(SO_4^{2-})}{c(CaSO_4,aq)}$$

$K_d^\ominus$ 称为离子对解离常数。25 ℃时,$CaSO_4$ 饱和液 $K_d^\ominus=5.2\times10^{-3}$,则 25 ℃时,有:

$$\frac{c(Ca^{2+})\cdot c(SO_4^{2-})}{c(CaSO_4)(aq)}=\frac{c^2}{S-c}=5.2\times10^{-3}$$

$$c^2 + 5.2 \times 10^{-3} c - 5.2 \times 10^{-3} \times S = 0$$

解得

$$c = \frac{-5.2 \times 10^{-3} \pm \sqrt{(2.08 \times 10^{-2}) \cdot S + 2.7 \times 10^{-5}}}{2}$$

按溶度积定义可知,对 $CaSO_4$ 沉淀—溶解平衡:

$$CaSO_4(s) \rightleftharpoons Ca^{2+}(aq) + SO_4^{2-}(aq) \tag{3}$$
$$K_{sp}^{\ominus} = c(Ca^{2+}) \cdot c(SO_4^{2-}) = c^2$$

由于 25 ℃时,$K_{sp}^{\ominus} = 2.45 \times 10^{-5}$,它是饱和液中钙离子活度与硫酸根离子活度的乘积,所以从实验计算得到的 $K_{sp}^{\ominus}$ 值一般大于此值。而实际溶解度,由于考虑了 $CaSO_4$ 的分子溶解度,在 25 ℃左右测定值应该较准确(表 3.10、表 3.11)。

表 3.10 $CaSO_4$ 溶解度的文献值

温度(℃)	1	10	20	30
溶解度(mol·L⁻¹)	1.29×10^{-2}	1.43×10^{-2}	1.5×10^{-2}	1.54×10^{-2}

表 3.11 $CaSO_4$ 离子对解离常数文献值

温度(℃)	25	40	50
$K_{sp}^{\ominus}$	$(4.90 \pm 0.1) \times 10^{-3}$	$(4.14 \pm 0.1) \times 10^{-3}$	$(3.63 \pm 0.1) \times 10^{-3}$

$CaSO_4$ 饱和溶液的制备:过量 $CaSO_4$(分析纯)加到蒸馏水中,加热到 80 ℃搅动,冷却至室温,实验前过滤。

三、实验用品

1. 仪器:25 mL 移液管一支,10 mL 吸量管一支,50 mL 碱式滴定管一支,250 mL 锥形瓶两个,50 mL 量筒一个,10 mL 量筒一个,洗耳球一个,离子交换柱一个(可用 100 mL 碱式滴定管代替,玻璃珠改为止水夹)。

2. 药品:新过滤的 $CaSO_4$ 饱和溶液,732 型阳离子交换树脂(需氢型湿树脂 50 mL),NaOH 标准溶液(0.04000 mol·L⁻¹),HCl 溶液(0.04 mol·L⁻¹),溴百里酚蓝(0.1%),pH 试纸。

四、实验内容及要求

1. 装柱:(由实验准备室完成)在交换柱底部填入少量玻璃纤维(图 3.1),将阳离子交换树脂(钠型先用蒸馏水泡 48 h,并洗净)和水同时注入交换柱内,用干净的长玻璃棒赶走树脂之间的气泡,

离子交换树脂

玻璃纤维
橡皮管
螺丝夹

图 3.1 离子交换柱

并保持液面略高于树脂表面。

2. 转型:(由实验准备室完成)为保证 Ca^{2+} 完全交换成 H^+,必须将钠型树脂完全转变为氢型树脂。方法是:用 120 mL HCl($2\ mol\cdot L^{-1}$)溶液以每分钟 30 滴的流速流过离子交换树脂,然后用蒸馏水淋洗树脂,直到流出液呈中性。

3. 交换和洗涤:首先用 pH 试纸检查交换柱流出液是否呈中性。若是中性,可调节止水夹,使流出液速度控制在每分钟 20～25 滴,同时可把柱内蒸馏水液面降到比树脂表面高 1 cm 左右的地方。流出液可用干净锥形瓶承接。然后用移液管准确量取 25.00 mL $CaSO_4$ 溶液,放入柱中进行交换。当液面下降到略高于树脂时,加入 25 mL 蒸馏水洗涤,流速不变,仍为每分钟 20～25 滴。当洗涤液液面下降到略高于树脂时,再次用 25 mL 蒸馏水继续洗涤;洗涤速度可加快一倍,控制在每分钟 40～50 滴,直到流出液接近中性。若未达到要求,可继续加少量蒸馏水洗涤,直至流出液接近中性。

每次加液前,液面都应略高于树脂表面(最好高 2～3 cm),这样既不会因树脂露在空气中而带入气泡,又能尽可能减少前后所加溶液的混合,有利于提高交换和洗涤的效果。最后夹紧止水夹,移走锥形瓶待滴定,交换柱可再加 10 mL 蒸馏水,以备用。

4. 酸碱滴定练习:在交换柱与洗涤的空闲时间,可进行滴定练习。取洗净的锥形瓶一只,用吸量管取 10.00 mL HCl($0.04\ mol\cdot L^{-1}$)溶液加入瓶中,再加 50 mL 蒸馏水和 2 滴溴化百里酚蓝指示剂,待摇匀后,用标准 NaOH($0.04000\ mol\cdot L^{-1}$)溶液滴定,溶液由黄色转变为鲜明的蓝色(20 s 不变色),此时即为滴定终点。

5. 氢离子浓度测定:将待滴定的锥形瓶内壁用洗瓶内蒸馏水冲洗,加蒸馏水约 30 mL,再加 2 滴溴化百里酚蓝指示剂,摇匀后呈稳定浅黄色,用标准 NaOH($0.04000\ mol\cdot L^{-1}$)溶液滴定至终点。精确记录滴定前后 NaOH 标准溶液的读数。

6. 数据记录及计算结果填入表 3.12 中。

表 3.12　硫酸钙溶度积测定数据表

实验记录项目		第 1 组	第 2 组	第 3 组
$T/℃$				
$V(CaSO_4)/mL$				
交换前后洗脱液的 pH				
NaOH 标准溶液标准浓度/(mol·L^{-1})				
NaOH 标准溶液体积	$V_{始}/mL$			
	$V_{终}/mL$			
$V(NaOH)/mL$				
$n(H^+)/mol$				
$CaSO_4$ 溶解度 $S/(mol\cdot L^{-1})$				
$CaSO_4$ 溶度积常数 $K_{aq}^{\ominus}$				

五、思考题

(1) 离子交换树脂有什么功能?

(2) 一定条件下,交换速率为什么很关键?

(3) 为什么交换后的洗涤液必须合并到锥形瓶内?

(4) 溶解度 S 为什么可用 $S=\dfrac{c(\mathrm{H^+})}{2}=\dfrac{c(\mathrm{NaOH})\cdot V(\mathrm{NaOH})}{2\times25.00}$ 来计算?

(5) 溶度积 $K_{\mathrm{sp}}^{\ominus}$ 值如何利用实验值计算?

附注:

精确定义为 $K_{\mathrm{sp}}^{\ominus}=a(\mathrm{Ca^{2+}})\cdot a(\mathrm{SO_4^{2-}})$

$$K_{\mathrm{d}}^{\ominus}=\frac{a(\mathrm{Ca^{2+}})\cdot a(\mathrm{SO_4^{2-}})}{a(\mathrm{CaSO_4})(\mathrm{aq})}$$

设:$a(\mathrm{Ca^{2+}})$、$a(\mathrm{SO_4^{2-}})$ 简写为 a,$c(\mathrm{Ca^{2+}})$、$c(\mathrm{SO_4^{2-}})$ 表示为 c,S 是一定温度 $\mathrm{CaSO_4}$ 饱和溶液的溶解度。因为

$$S=c(\mathrm{CaSO_4})(\mathrm{aq})+c(\mathrm{Ca^{2+}})$$

且 $\mathrm{CaSO_4}$ 离子对为电中性,活度系数 $\gamma=1$,所以

$$a(\mathrm{CaSO_4})(\mathrm{aq})=c(\mathrm{CaSO_4})(\mathrm{aq})=S-c$$

则

$$K_{\mathrm{d}}^{\ominus}=\frac{a^2}{S-c}$$

此方程中,a、c 均是未知数,若用 c' 来代替 a 与 c,那么,有:

$$K_{\mathrm{d}}^{\ominus}=\frac{(c')^2}{S-c'}$$

该式就是我们所用的计算式,从中可以分析得出 $S>c>c'>a$,自然 $K_{\mathrm{sp}}^{\ominus}=(c')^2$ 大于 $K_{\mathrm{sp}}^{\ominus}=a^2$。

实验七　无氰镀锌

一、实验目的

1. 学习电镀的原理和方法。
2. 学习低压直流电源的使用方法。

二、实验原理

无氰电镀主要是为了克服含氰电镀对工作人员的危害和减轻对环境的污染而发展起来的。

无氰铵盐镀锌是用锌片作为阳极,镀件(铁片或铁钉均可)作为阴极,用烧杯作电解槽进行电镀。电镀液主要成分是 $ZnCl_2$ 和 NH_4Cl,它们不断地离解出 Zn^{2+} 和 NH_3。通以直流电时,Zn^{2+} 移向阴极,在阴极上接受电子成为锌原子而沉积在阴极镀件上,同时作为阳极的锌片不断溶解,成为 Zn^{2+} 而进入溶液中。

在电镀液中,各成分协同作用。$ZnCl_2$ 提供 Zn^{2+},其浓度大小对镀层有较大影响。Zn^{2+} 含量高,电流密度就大,沉淀速度也快。但是 Zn^{2+} 含量过高时,镀层将变得粗糙,深镀能力下降。如果 Zn^{2+} 含量过低,电流密度相应下降,镀层易产生条纹。

NH_4Cl 在镀液中水解后可与 Zn^{2+} 形成一系列锌铵配离子,它们的不稳定常数 $K_d^{\ominus}$ 不相等。

$$NH_4Cl \rightleftharpoons NH_4^+ + Cl^-$$

$$NH^{4+} + H_2O \rightleftharpoons NH_3 \cdot H_2O + H^+$$

$$[Zn(NH_3)]^{2+} \qquad K_{d4}^{\ominus} = 4.26 \times 10^{-3}$$

$$[Zn(NH_3)_2]^{2+} \qquad K_{d3}^{\ominus} = 1.54 \times 10^{-5}$$

$$[Zn(NH_3)_3]^{2+} \qquad K_{d2}^{\ominus} = 4.87 \times 10^{-8}$$

$$[Zn(NH_3)_4]^{2+} \qquad K_{d1}^{\ominus} = 3.46 \times 10^{-10}$$

这些配离子都很不稳定,但它们毕竟比在简单 Zn^{2+} 镀液中所产生的阴极极化作用大得多,这就使得镀层结晶、镀液分散能力都获得良好的改善。同时,NH_4Cl 又是良导体,所以在溶液中需保持适当的含量。镀液中 NH_4Cl 含量低时,$[Zn(NH_3)_4]^{2+}$ 和 $[Zn(NH_3)_3]^{2+}$ 相应减少,$[Zn(NH_3)]^{2+}$ 和 $[Zn(NH_3)_2]^{2+}$ 相应增多,这些配离子更加不稳定,而使镀层粗糙,分散能力显著下降。

硼酸为弱酸,在镀液中,当 pH 为 5～6 时,它具有较好的缓冲作用。此外,添加剂对电镀质量影响也很大,聚乙二醇 $HOCH_2(CH_2OCH_2)_nCH_2OH$ 是一种非离子型胶体,它能吸附在阴极表面,提高阴极极化,从而提高镀层的分散能力,使镀层结晶细致紧密。硫脲 NH_2CSNH_2 能显著提高镀层亮度。海鸥洗涤剂(含环氧乙烷)能湿润阴极,去除阴极

表面的气泡,防止镀层发生麻点。

镀液的 pH 值要控制在 4.5~6.5,若 pH>6.5,不利于 Zn^{2+} 与 NH_4^+ 生成锌铵配离子,以至于镀液中自由 Zn^{2+} 较多,使镀层结晶粗糙。若 pH<4.5,镀液中 $c(H^+)$ 大,易放电,一部分 H_2 形成气泡附在阴极表面上,影响镀层质量。如果 pH 值过高,可加入适量冰醋酸;如果 pH 值过低则可加入氨水提高其 pH 值。

镀后处理所用的钝化液是强氧化剂,可使镀层上的金属生成紧密细致的氧化物薄膜,因而可以保护镀层,使其耐腐蚀,且增加美观。钝化过的镀件除具有白色金属光亮表面外,还隐约可闪现彩色,所以钝化的过程也叫虹彩钝化。

三、实验用品

1. 仪器

直流电源、电流计、伏特计、滑线变阻器、温度计。

2. 药品

酸:HCl(浓,工业级)、HNO_3(浓)、HAc(浓)。

碱:NaOH(1 mol/L)、$NH_3 \cdot H_2O$(浓)。

3. 其他

导线、铁片(或铁钉)、锌片、电镀液、钝化液。

四、试验内容及要求

铁件镀锌的工艺过程为:

镀件(铁片)→表面打磨→除油→除锈→硝酸浸泡→电镀水洗→钝化→水洗→干燥→成品

1. 镀件的处理

在电镀以前应先将镀件表面的油污和氧化层除尽,使镀上的锌层能良好地附着在基体金属上。先用细砂纸将镀件上的氧化物磨掉,然后用粗布擦光,再经过下列三个步骤处理。

(1)烧碱去油

将镀件放入温度为 80 ℃ 以上的 NaOH(1mol/L)溶液中浸泡约 10 min,然后将镀件取出用水冲洗干净。

(2)盐酸除锈

将除去油污的镀件放入温度为 20~45 ℃ 的 HCl(浓,工业级)中浸泡约 10 min,然后将镀件取出,用水冲洗干净。

(3)硝酸浸泡

将上面的镀件放入室温下的硝酸溶液洗液(浓硝酸与水体积比为 3∶100)中浸泡 3

～5 s 至镀件上黑色斑点完全除去,使其显露出洁净光亮的金属表面。

镀件经过以上处理后,再经冲洗,即可放入电解槽内进行电镀。

2.电镀

在烧杯中注入 4/5 容积的电镀液,按图 3.2 所示连接好线路。仔细检查线路,确认连接无误、接触良好后,打开电源开关通电。电流密度控制在 1～2 A/dm² 范围内。$ZnCl_2$ 浓度高,电流密度可大些;反之,电流密度可小些。如果电流密度过大,则电极上有大量气泡产生,镀层表面疏松,电流密度过小,镀件发暗。电流密度可用滑线变阻器来控制。调节时,应先将滑键推到电阻大的一端,然后向电阻小的那端逐步调低以达到所需的电流,即电流从小往大的方向调,切勿调错。调节好后进行电镀,时间约为0.5 h。

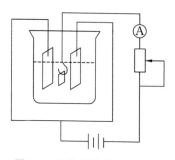

图 3.2　无氰镀锌装置示意图

停止电镀后,将 Zn 极从电镀液中取出,用水冲洗避免腐蚀。

3.钝化

将镀件从烧杯中取出后用水冲洗,在室温下放入钝化液中浸泡 5～7 s,取出用水冲洗干净,晾干即可。

五、思考题

1.本试验中,铁片作为镀件,它在电解槽中作阴极还是作阳极? 它接直流电源正极还是负极?

2.滑线变阻器如何使用? 使用过程中应注意什么?

3.电镀过程中为什么要控制电流密度? 如何控制电流密度?

4.原电池的正极同电解池的阳极以及原电池的负极同电解池的阴极,其电极反应本质上是否相同?

附注:

1.电镀液成分和工艺条件

氯化铵 250～300 g/L	氯化锌 25～35 g/L	硼酸 15～25 g/L
硫脲 1～2 g/L	聚乙二醇 2～3 g/L	海鸥洗涤剂 0.05～1 mL/L
溶液的 pH 值　4.5～6.5	溶液温度 15～30 ℃	阴极电流密度 1～2 A/dm²

2.钝化液成分和工艺条件

在 100 mL HNO_3(2 mol/L)溶液中,溶入铬酐 25 g、浓 H_2SO_4 1～2 mL,搅匀即可。

实验八　胶体的制备和性质

一、实验目的

1. 了解溶胶的制备、性质及其聚沉方法；
2. 了解亲水溶胶对疏水溶胶的保护，观察硅酸水凝胶的生成。

二、实验原理

疏水溶胶（即通常所说的胶体溶液）是高分散的多相体系。要制备溶胶溶液,需设法使分散相获得 $1\sim100\ nm$ 的颗粒。其方法有二:一是在一定条件下,使分子(原子、离子)凝聚为胶粒,叫凝聚法;二是将大颗粒的分散相在一定条件下分散为胶粒,叫分散法。

$Fe(OH)_3$ 溶胶是由 $FeCl_3$ 溶液水解产生的:

$$FeCl_3+3H_2O \xrightarrow{煮沸} Fe(OH)_3(溶胶)+3HCl$$

溶液中部分 $Fe(OH)_3$ 与 HCl 反应

$$Fe(OH)_3+HCl \longrightarrow FeOCl+2H_2O$$

$FeOCl$ 再电离为

$$FeOCl \longrightarrow FeO^+ +Cl^-$$

由于 FeO^+ 与 $Fe(OH)_3$ 有类似的组成,因而易吸附在胶粒表面,使 $Fe(OH)_3$ 胶粒带正电荷。其胶团结构表示式为:

$$\left\{[Fe(OH)_3]_m \cdot nFeO^+ \cdot (n-x)Cl^-\right\}^{x+} \cdot xCl^-$$

胶核　　电位离子　　反离子　　　反离子

吸附层　　　　扩散层

胶　粒

胶团

如果用明亮的聚光光束透过胶体溶液,则在暗室内可以清楚地看到胶体溶液中显示出一条光亮的通道,这种现象称为丁达尔效应。产生该现象的原因是光照射到胶粒上以后,产生了光的散射,这时每个胶粒都变成了发光的小点,从而形成了明亮的光道。

在电场作用下,分散相颗粒在分散介质中的定向移动称为电泳。根据胶粒移动的方向,可以判断胶粒是带正电荷还是带负电荷。

胶体溶液能在相当长的时间内稳定存在,其主要原因是:① 由于形成了扩散双电层而存在着 ζ 电位;② 由于胶粒表面的离子的溶剂化作用使胶粒周围形成具有一定强度的溶剂化膜;③ 胶粒的布朗运动使其具有动力稳定性。如果破坏其稳定性因素,比如破坏其带电性,胶粒有可能凝结而聚沉下来。一般通过加电解质使溶胶聚沉,或用不同电荷的溶液相互聚沉,或者加热使溶胶聚沉。

溶胶对电解质是敏感的,若在溶胶中加入适量的高分子溶液(又叫亲水溶胶),就能降低这种敏感性,从而提高溶胶对电解质的稳定性。高分子溶液的这种作用称为对憎液溶胶的保护作用。如果在一定量的溶胶中加入少量的高分子溶液,则可使溶胶趋于不稳定状态,甚至引起聚沉,这种现象叫敏化作用。高分子溶液需加大量电解质溶液才发生聚沉,这种现象称为盐析作用。

许多溶胶(特别是亲液溶胶)其分散相自分散介质中凝结形成空间结构时,在其固态结构中存留有大量的液体介质,这种凝结结构叫凝胶。凝胶具有触变性和失水作用,这在胶凝材料制品的生产或使用中具有实际应用。

三、实验用品

1.仪器材料

量筒(100 mL、20 mL)、烧杯(250 mL、100 mL)、试管(其中三支要求干燥)、滤纸、漏斗、U形管、角勺、玻棒、酒精灯、铁三脚架、铁架台、丁达尔灯、直流电源、带导线的铜电极。

2.药品

固体:尿素。

气体:CO_2(新配制)。

液体:硫的酒精饱和溶液,蒸馏水,$FeCl_3$(0.2%),酒石酸锑钾(0.4%),H_2S饱和溶液(0.1 mol·L^{-1},新配制),$K_4[Fe(CN)_6]$(0.02 mol·L^{-1}),KNO_3(0.1 mol·L^{-1}),$NaCl$(0.2 mol·L^{-1},5%),$BaCl_2$(0.2 mol·L^{-1}),$AlCl_3$(0.2 mol·L^{-1}),琼脂溶胶(0.5%),Na_2SiO_3(20%),HCl(6 mol·L^{-1}),氨水(1 mol·L^{-1},备用)。

四、实验内容及要求

1.溶胶的制备

(1)凝聚法

① 改变溶剂法制备硫溶胶:往 3 mL 水中滴加 3～4 滴硫的酒精饱和溶液,摇动试管,观察硫溶胶的生成,试加以解释,并保留溶液,供后面实验使用。

② 利用复分解反应制备硫化亚锑(Sb_2S_3)水溶胶:边搅拌边往 20 mL 0.4% 的酒石酸锑钾溶液中滴加 0.1 mol·L^{-1} H_2S 水溶液,直到溶液变成橙红色为止。保留溶液,供后面实验使用。

③ 利用水解反应制备氢氧化铁水溶胶：往 50 mL 沸水中逐滴加入 2% $FeCl_3$ 溶液 8 mL,继续煮沸 2～3 min。观察颜色变化,写出反应方程式。保留溶液,供后面实验使用。

（2）分散法——用胶溶法制溶胶

普鲁士蓝水溶胶的制备：取 2% $FeCl_3$ 溶液 5 mL 于试管中,加入 0.02 mol·L^{-1} $K_4[Fe(CN)_6]$ 溶液 1～2 mL,过滤,并以水洗沉淀多次,滤液即为普鲁士蓝溶胶,观察并解释结果,写出反应方程式。保留溶液,供下面实验使用。

2. 溶胶的光学性质和电学性质

（1）溶胶的光学性质

利用丁达尔灯(图 3.3)观察上面制得的四种溶胶的丁达尔效应[1]。

（2）溶胶电学性质——电泳现象

把上面制备的 $Fe(OH)_3$ 溶胶用固体尿素饱和[2],取上层溶胶缓慢地注入洁净的 U 形管中,然后用滴管沿 U 形管壁在两边分别注入 2 mL 蒸馏水,并在两边各加 1 滴 0.1 mol·L^{-1} KNO_3 溶液,分别插入铜电极,接通直流电源,电压调至 30～40 V,半小时后观察现象(装置见图 3.4)。由界面移动的方向判断 $Fe(OH)_3$ 溶胶的胶粒所带的电荷是正还是负。写出氢氧化铁溶胶的胶团结构,并解释观察到的现象。

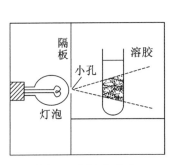

图 3.3　丁达尔效应

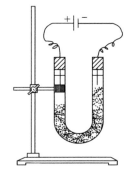

图 3.4　电泳装置

3. 溶胶的聚沉

（1）疏水溶胶的聚沉：取三支干燥试管,各加 1 mL Sb_2S_3 溶胶,边振荡边向试管中分别加入不同的电解质溶液,依次为 0.2 mol·L^{-1} 的 NaCl、$BaCl_2$、$AlCl_3$,直至聚沉现象出现为止。准确记录每种电解质溶液引起溶胶聚沉所需的量。试解释使溶胶开始聚沉所需的电解质溶液的量与其阳离子的电荷的关系。

（2）亲水溶胶的聚沉：在 1 mL 蛋白稀溶液中加入饱和的 $(NH_4)_2SO_4$ 溶液,当二者的量大约相等时,有何现象发生？试解释之。

（3）亲水溶胶对疏水溶胶的保护：将 2 滴、10 滴、20 滴（约 1 mL）的 0.5％琼脂溶胶分别加入 3 支试管中。将第 1、2 支试管加蒸馏水稀释至 1 mL，再在每支试管中各加入 5 mL Sb_2S_3 溶胶，并小心地摇动试管。3 min 后，在每支试管中逐滴加入 1 mL 5％的 NaCl 溶液，观察聚沉[3]作用的快慢，或振荡并放置片刻后观察试管底部沉淀的多少，试解释之。

（4）溶胶的相互聚沉：将 2 mL $Fe(OH)_3$ 溶胶和 2 mL Sb_2S_3 溶胶混在一起，振荡试管，观察现象，试加以解释。

（5）加热使溶胶聚沉：取 2 mL Sb_2S_3 溶胶加热沸腾，观察现象，并解释之。

4. 硅酸水凝胶的生成

（1）硅酸钠与二氧化碳作用。往盛有 1 mL 20％的 Na_2SiO_3 溶液中通入 CO_2 气体，观察反应物的颜色和状态，写出反应方程式。

（2）硅酸钠与盐酸的作用。2 mL 20％的 Na_2SiO_3 溶液里滴加 6 mol·L^{-1} HCl 数滴，摇匀，微微加热，观察反应产物的颜色和状态。

五、思考题

1. 如果改变条件，把 $FeCl_3$ 溶液加到冷水中是否也能得到 $Fe(OH)_3$ 溶胶？
2. 为什么溶胶具有丁达尔效应，而真溶液则不能产生这一现象呢？
3. 什么叫电泳？$Fe(OH)_3$ 溶胶电泳时发生电泳迁移的是什么粒子？
4. 从自然界现象和日常生活中举出两个胶体溶液聚沉的实例。
5. 什么叫凝胶？它有哪些性质？试举几个凝胶的实例。

注释：

（1）在制备好的 $Fe(OH)_3$ 溶胶中，略加 1 mol·L^{-1} 氨水，使溶胶的 pH 值在 3～4，则丁达尔现象较显著。

（2）在 $Fe(OH)_3$ 溶胶的电泳实验中，加尿素是为了增加溶胶比重，使与上层稀 KNO_3 溶液之间呈现明显界面，有利于观察胶粒向某一电极移动。

（3）在加入 20 滴琼脂溶胶作保护胶体的试管中，加入电解质 NaCl 溶液，在滴加过程中无聚沉现象，振荡并放置片刻后方有聚沉现产生。

实验九 表面现象与表面性质

一、实验目的

1. 了解物体的表面性质和一些表面现象。
2. 了解表面活性剂应用及其作用机理。

二、实验原理

物体二相的交界面叫作相界面。习惯上将固—气、液—气的相界面叫作表面,固—固、固—液、液—液的相界面叫作界面。准确地讲,应统称为界面。实际使用中,表面、界面常混用不分。

相界面并不是几何上的面,而是一相到另一相的过渡层,大约有几分子厚,称为表面(界面)相或表面层。

由于表面相分子(原子或离子)受到不均匀力场的作用,而体相(即形成界面相的两物相)内部的分子(原子或离子)处于均匀力场作用中,故表面相分子受到指向某一体相内部的作用力,使物体(液体)表面上有自动收缩的性质。物体表面相的这种特殊性质,是产生物体表面吸附、表面润湿、毛细作用等表面现象的结构原因。

物体表面自动收缩的力叫作表面张力。物体表面自动收缩,说明物体表面相较于体相具有更高的能量。表面相的这种多余的能量,叫作表面吉布斯自由能。粗糙物体的表面摩擦阻力比光滑物体的大,分散度越大,多相反应速度越快,都证实了表面能的存在。

由于表面相较于体相具有更高的能量,所以表面相属于热力学不稳定体系,具有自发降低体系能量的趋势。因此,物体具有产生表面现象的热力学可能性。

表面活性剂是一类具有亲水和亲油的两亲功能基团的化合物。表面活性剂的乳化作用、分散作用、润湿作用、气泡作用、助磨作用等作用机理都在于它有效地降低了体系的表面张力(或表面吉布斯自由能)。

三、实验用品

1. 仪器材料

细铁丝(2根),铜丝,棉线,酒精灯,剪刀,研钵,烧杯(100 mL 2个,250 mL 3个),试管,广口瓶,量气管(可用带刻度的移液管代替),橡皮塞,打孔器,橡皮管,铁架台,毛细管(小内径2根、大内径1根),载玻片,滴管,玻璃皿,显微镜,硬纸片(10 cm×10 cm),玻璃管(内径 3～5 mm,长约 30 cm)。

2. 药品

固体:锌粉,锌粒,KI,$Pb(NO_3)_2$,活性炭,十二烷基磺酸钠,苏丹Ⅲ,硫黄粉(公共备用)。

气体:Cl_2(由实验室新制备)。

液体:洗衣粉溶液,$CuSO_4$(0.1 mol·L^{-1}),红墨水,靛蓝溶液,$Pb(NO_3)_2$(0.001 mol·L^{-1}),K_2CrO_4(0.5 mol·L^{-1}),水银,蒸馏水,苯。

四、实验内容及要求

1. 表面张力

取一根细铁丝(长约 40 cm),如图 3.5 所示,制成一个带柄的直径约为 3 cm 的圆圈,在铁圈中间用细线固定一个封闭的线圈。

再取一根细铁丝,如图 3.6 所示,制作一个带把矩形铁框(长约 6 cm、宽约 2.5 cm),在框架上再制作一根能自由滑动的铁丝梁。

分别将小铁圈和矩形铁框没入洗衣粉溶液中,轻轻提起,制得液膜,然后用烧热的铜丝迅速刺破线圈液膜和矩形铁框的活动梁一边的液膜,观察现象并解释之。保留洗衣粉溶液,供后面实验用。

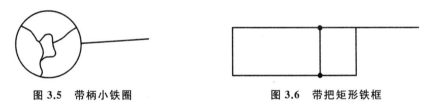

图 3.5　带柄小铁圈　　　　　　　　图 3.6　带把矩形铁框

2. 表面现象

(1) 分散度及接触面对反应速度的影响

① 取 2 支试管,各加 1～2 mL 0.1 mol·L^{-1} $CuSO_4$ 溶液,然后往一支试管中加入少量锌粉,往另一支试管中加入几颗锌粒,观察两试管溶液颜色的变化,解释所观察到的现象。

② 取少量干燥的碘化钾 KI 与硝酸铅 $Pb(NO_3)_2$ 晶体,置于硬纸片上,用玻璃棒轻轻搅混,观察有无变化,然后将上述混合物倒入研钵中,研磨之,观察颜色的变化,解释所观察的现象。

（2）活性炭的吸附作用

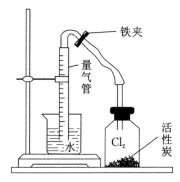

图 3.7 活性炭的吸附作用

① 活性炭对氯气的吸附：装置如图 3.7 所示，在烧杯内装满带颜色（可加红墨水）的水，在广口瓶中充满氯气，然后往广口瓶中加入几角勺活性炭，塞紧橡皮塞并用铁夹夹住橡皮管（以防氯气溶于水，对实验造成影响），让活性炭与氯气充分接触。观察瓶中的气体颜色的变化，然后松开铁夹，观察量气管内液面位置的变化，解释上述现象。

② 活性炭对靛蓝的吸附作用：往 2 mL 靛蓝溶液中加入一角勺活性炭，振荡试管，稍放置后滤去活性炭，观察溶液的颜色变化，试加以解释。

③ 活性炭对铅盐的吸附：往 2 支试管中各加入 2 mL 0.001 mol·L^{-1} Pb(NO$_3$)$_2$ 溶液，在第 1 支试管中加入 2～3 滴 0.5 mol·L^{-1} K$_2$CrO$_4$ 溶液；在第 2 支试管中加入一角勺活性炭，振荡试管，稍放置后滤去活性炭，在滤液中加入 2～3 滴 0.5 mol·L^{-1} K$_2$CrO$_4$ 溶液。观察比较两支试管中所发生的现象，写出反应方程式，并解释之。

（3）润湿作用与毛细现象

① 水和汞对玻璃的润湿情况：在一清洁干燥的玻璃皿上分别用滴管滴一滴水和滴一滴水银（注意：水银有毒，应小心地操作。若不慎将水银溅落在桌面或地上，应立即在其上面撒盖硫黄粉清理干净），观察现象，比较它们对玻璃的润湿程度。

② 水和汞在玻璃管中的毛细现象：分别在盛有水和水银的烧杯中插入一根玻璃毛细管，观察现象，试总结液体对固体的润湿程度对毛细作用的影响。

③ 将内径大小不同的两根毛细管同时插入一杯水中，观察毛细管中水柱上升情况，并解释之。

3. 表面活性剂

（1）液膜的稳定性

① 用纯水代替洗衣粉水溶液重做"表面张力"实验，比较这两种液膜的稳定性。

② 分别在水和洗衣粉溶液中用玻璃管吹入空气，比较气泡的稳定性。

解释上述实验现象。

（2）乳状液的稳定性

① 取一支试管加入 3 mL 蒸馏水和 0.5 mL 苯，加入一颗米粒大小的苏丹Ⅲ（红色染料，溶于苯，不溶于水），用力振荡，静置后，观察能否形成稳定的乳状液。

② 在上面试管中加入一颗米粒大小的十二烷基磺酸钠（阴离子型表面活性剂，洗衣

粉主要成分之一），用力振荡，静置，观察乳状液的稳定情况，并与"①"对比。

③ 用滴管取上述一滴乳状液，置于载玻片上，在显微镜下观察乳状液的类型。

解释上述实验现象。

五、思考题

1. 为什么物体具有表面张力？怎样证实表面张力（表面能）的存在？

2. 何谓表面现象？你在自然界、生产和生活中见到过哪些表面现象？有哪些应用？

3. 表面活性剂有哪些重要性质？在工农业生产和日常生活中有哪些重要应用？

实验十 主族元素

一、实验目的

1. 了解碱金属、碱土金属的焰色反应。
2. 了解某些金属单质的还原性和非金属单质的氧化还原性。
3. 了解某些氢氧化物的酸碱性。
4. 了解某些化合物的氧化还原性。
5. 了解常见离子的鉴定方法。

二、实验原理

1. 碱金属和碱土金属中的钙、锶、钡及其挥发性化合物在无色火焰中灼烧时,其火焰都具有特征焰色(表 3.13)。

表 3.13　碱金属和碱土金属的特征焰色

元素	钠	钾	钙	锶	钡
火焰颜色	黄色	浅紫色	橙红色	大红色	浅黄绿色

焰色反应常用来鉴别元素的存在。

2. 金属单质最突出的化学性质就是其还原性,而非金属单质往往兼有氧化性和还原性。钠的还原性很强,可与水剧烈反应并使产生的 H_2 燃烧:

$$2Na+2H_2O \rightleftharpoons 2Na^+ +2OH^- +H_2\uparrow$$

而同周期的铝的还原性虽有减弱的递变趋势,但仍显强还原性,如在强碱性溶液中,铝可还原 NO_3^-:

$$8Al+3NO_3^- +5OH^- +18H_2O \rightleftharpoons 8[Al(OH)_4]^- +3NH_3\uparrow$$

I_2 可被 Cl_2 氧化,也可被 $Na_2S_2O_3$ 还原:

$$I_2+5Cl_2+6H_2O \rightleftharpoons 2IO_3^- +10Cl^- +12H^+$$

$$I_2+2S_2O_3^{2-} \rightleftharpoons S_4O_6^{2-} +2I^-$$

3. 主族元素最高价态的氢氧化物,其酸碱性在同一周期或同一族中呈现出规律性变化。铝、锡和铅的氢氧化物都是两性的。

4. 同一元素的不同价态化合物中,最高价态的化合物只有氧化性,如 $NaBiO_3$;最低价态的化合物只有还原性,如 H_2S。中间价态的化合物既有氧化性又有还原性,如 $NaNO_2$、SO_2 等。

三、实验用品

1. 仪器

电动离心机,坩埚,坩埚钳,镍铬丝,镊子,钴玻璃,泥三角,漏斗。

2. 药品

酸:HCl($2\ mol\cdot L^{-1}$、$6\ mol\cdot L^{-1}$、浓),HNO_3($2\ mol\cdot L^{-1}$、$6\ mol\cdot L^{-1}$、浓),H_2SO_4($1\ mol\cdot L^{-1}$、$3\ mol\cdot L^{-1}$、浓),HAc($2\ mol\cdot L^{-1}$、$6\ mol\cdot L^{-1}$),H_2S(饱和),H_3BO_3(饱和)。

碱:NaOH($2\ mol\cdot L^{-1}$、$6\ mol\cdot L^{-1}$、40％),$NH_3\cdot H_2O$($6\ mol\cdot L^{-1}$)。

盐:$NaNO_3$($2\ mol\cdot L^{-1}$),$NaNO_2$($0.1\ mol\cdot L^{-1}$),$Na_2S_2O_3$($0.1\ mol\cdot L^{-1}$),NaCl($0.1\ mol\cdot L^{-1}$、$0.5\ mol\cdot L^{-1}$),KCl($0.5\ mol\cdot L^{-1}$),KI($0.1\ mol\cdot L^{-1}$),$KMnO_4$($0.01\ mol\cdot L^{-1}$),K_2CrO_4($0.1\ mol\cdot L^{-1}$),$CaCl_2$($0.5\ mol\cdot L^{-1}$),$MgCl_2$($0.1\ mol\cdot L^{-1}$),$SrCl_2$($0.5\ mol\cdot L^{-1}$),$BaCl_2$($0.5\ mol\cdot L^{-1}$),$Al_2(SO_4)_3$($0.1\ mol\cdot L^{-1}$),$SnCl_2$($0.1\ mol\cdot L^{-1}$),$Pb(NO_3)_2$($0.1\ mol\cdot L^{-1}$),$Bi(NO_3)_3$($0.1\ mol\cdot L^{-1}$),$AgNO_3$($0.1\ mol\cdot L^{-1}$),NH_4Cl($0.1\ mol\cdot L^{-1}$),混合溶液(KBr、KI 均为 $0.1\ mol\cdot L^{-1}$)。

固体:金属钠,铝片,单质硅,硫粉,$FeSO_4\cdot 7H_2O$,$NaSO_3$。

其他:酚酞(0.1％),甲基橙(0.01％),奈斯勒试剂,镁试剂,铝试剂(0.1％),SO_2(水溶液),氯水,碘水,CCl_4,pH 试纸,KIO_3-淀粉试纸(自制)。

四、实验内容及要求

1. 碱金属和碱土金属的焰色反应

在点滴板空穴中加入少许浓 HCl,取 5 根镍铬丝蘸以浓 HCl,在氧化焰中灼烧至近似无色,再分别蘸以浓度均为 $0.5\ mol\cdot L^{-1}$ 的 KCl、NaCl、$CaCl_2$、$SrCl_2$、$BaCl_2$ 溶液(各实验溶液预先放入点滴板空穴中)在氧化焰中灼烧,观察其火焰颜色(钾的火焰颜色要透过钴玻璃观察)。

2. 金属钠和铝的还原性

(1)用镊子取一小块(绿豆大小)金属钠,用滤纸吸干其表面的煤油,投入盛有半杯水的烧杯中,立即用倒置漏斗覆盖在烧杯口上,观察反应情况。反应完后滴入 1～2 滴酚酞指示剂,检验溶液的酸碱性,写出反应方程式。

(2)在试管中加入 3 滴 $NaNO_3$($2mol\cdot L^{-1}$)溶液,然后加入 5 滴 NaOH(40％)溶液,再加入铝片。用湿润的 pH 试纸在试管口检验逸出的 NH_3,写出反应方程式。

3. 非金属单质(Si、S、Cl_2、I_2)的氧化还原性

(1)往试管中加入少量(绿豆大小)单质硅和 0.5 mL NaOH($2\ mol\cdot L^{-1}$)溶液,微

热,检验有哪种气体产生。

(2) 往试管中加入少量(绿豆大小)硫粉和 0.5 mL 浓 HNO_3 溶液,水浴加热,检验是否有 SO_4^{2-} 生成。

(3) 在点滴板的 A、B 两穴中各加入 2 滴碘水,在 A 穴中逐滴加入数滴氯水,在 B 穴中逐滴加入数滴 $Na_2S_2O_3$($0.1\ mol \cdot L^{-1}$)溶液,观察现象。

(4) 取 5 滴碘水于试管中,加入 2 滴 NaOH($6\ mol \cdot L^{-1}$)溶液,观察现象。再加入 4 滴 HCl($6\ mol \cdot L^{-1}$)溶液,观察现象。

写出上述各反应的方程式。

4. 氢氧化物的酸碱性

(1) 镁、铝、硼氢氧化物的酸碱性

① $Mg(OH)_2$ 的酸碱性。在点滴板的两穴中分别加入 3 滴 $MgCl_2$($0.1\ mol \cdot L^{-1}$)溶液,然后各滴加 NaOH($2\ mol \cdot L^{-1}$)溶液直至有沉淀生成,分别用 NaOH($2\ mol \cdot L^{-1}$)、HCl($2\ mol \cdot L^{-1}$)检验 $Mg(OH)_2$ 的酸碱性。

② $Al(OH)_3$ 的酸碱性。从 $Al_2(SO_4)_3$($0.1\ mol \cdot L^{-1}$)出发制备 $Al(OH)_3$ 沉淀,并检验 $Al(OH)_3$ 的酸碱性。

③ H_3BO_3 的酸碱性。用精密 pH 试纸测定饱和 H_3BO_3 溶液的 pH 值。

写出反应方程式,并根据上述实验现象,总结 $Mg(OH)_2$、$Al(OH)_3$、H_3BO_3 的酸碱性及其变化规律。

(2) 锡、铅氢氧化物的酸碱性

① 在点滴板的两穴中各加入 2 滴 $SnCl_2$($0.1\ mol \cdot L^{-1}$)溶液,逐滴加入 NaOH($2\ mol \cdot L^{-1}$)溶液至沉淀生成为止。实验其两性,写出反应方程式。

② 在点滴板的两穴中各加入 2 滴 $Pb(NO_3)_2$($0.1\ mol \cdot L^{-1}$)溶液,逐滴加入 NaOH($2\ mol \cdot L^{-1}$)溶液至沉淀生成为止。检验其两性(检验其碱性时用什么酸?),写出反应方程式。

根据上述实验现象,比较 $Sn(OH)_2$ 和 $Pb(OH)_2$ 的酸碱性。

5. 化合物的氧化还原性

(1) 取 0.5 mL $Bi(NO_3)_3$($0.1\ mol \cdot L^{-1}$)于坩埚中,滴加 NaOH($6\ mol \cdot L^{-1}$)溶液直至呈强碱性后再过量滴 2 滴,加 5 滴氯水,加热并观察现象。倾去溶液,洗涤沉淀,加 5 滴浓 HCl 于沉淀物中,观察反应现象,鉴定气体产物。

(2) 在各盛有 5 滴 $NaNO_2$($0.1\ mol \cdot L^{-1}$)溶液的点滴板 A、B 两穴中,A 穴中加入 1 滴 KI($0.1\ mol \cdot L^{-1}$)溶液,B 穴中加入 1 滴 $KMnO_4$($0.01\ mol \cdot L^{-1}$)溶液,观察现象;再分别加入 3~5 滴 H_2SO_4($1\ mol \cdot L^{-1}$)溶液酸化,观察现象,并证明 A 穴中 I_2 的存在。

(3) 在点滴板穴中加 1 滴 H_2S 饱和溶液,再加入 1 滴 SO_2 水溶液,观察现象。

写出上列各反应的方程式。

6. 离子的鉴定

(1) NH_4^+ 的鉴定。在点滴板中加入 1 滴 $NH_4Cl(0.1mol \cdot L^{-1})$ 溶液,再加入 1 滴奈斯勒试剂(K_2HgI_4 的碱性溶液),若有红褐色沉淀生成,则表示有 NH_4^+。

(2) Mg^{2+} 的鉴定。在点滴板中加入 5 滴 $MgCl_2(0.1mol \cdot L^{-1})$ 溶液,再加 2 滴 $NaOH(6\ mol \cdot L^{-1})$ 溶液,加镁试剂 1 滴,若出现天蓝色沉淀,则表示有 Mg^{2+}。

(3) Al^{3+} 的鉴定。取 3 滴 $Al_2(SO_4)_3(0.1\ mol \cdot L^{-1})$ 溶液于试管中,加 2 滴 HAc($2\ mol \cdot L^{-1}$)溶液及 2 滴铝试剂(0.1 g),置水浴上加热片刻,再加 1~2 滴 $NH_3 \cdot H_2O$($6\ mol \cdot L^{-1}$),若有红色絮状沉淀生成,则表示有 Al^{3+}。

(4) Sn^{2+} 的鉴定。取 3 滴 $SnCl_2(0.1\ mol \cdot L^{-1})$ 溶液于试管中,加 2 滴浓 HCl 及 1 滴甲基橙(0.01 g),加热,若甲基橙褪色,则表示有 Sn^{2+}。

(5) Pb^{2+} 的鉴定。在点滴板中加入 1 滴 $Pb(NO_3)_2(0.1\ mol \cdot L^{-1})$ 溶液,加 1 滴 $HAc(6\ mol \cdot L^{-1})$ 使溶液酸化,再加 1 滴 $K_2CrO_4(0.1\ mol \cdot L^{-1})$,如有黄色沉淀生成,则再在沉淀上加数滴 $NaOH(2\ mol \cdot L^{-1})$ 溶液,若沉淀溶解,表示有 Pb^{2+}。

(6) NO_3^- 的鉴定。在点滴板中加入 2 滴 $NaNO_3(2\ mol \cdot L^{-1})$ 溶液,在溶液中央放一颗 $FeSO_4$ 晶体(米粒大小),然后在晶体上加 1 滴浓 H_2SO_4,若晶体周围出现棕色,则表示有 NO_3^-。

(7) SO_3^{2-} 的鉴定。取黄豆大的 Na_2SO_3 固体于试管中,加 10 滴 $H_2SO_4(3\ mol \cdot L^{-1})$,用湿润的 KIO_3-淀粉试纸(自制)置于管口上方,若试纸变蓝色继而又褪去,表示有 SO_3^{2-}。

(8) Cl^- 的鉴定。取 2 滴 $NaCl(0.1mol \cdot L^{-1})$ 溶液于离心试管中,加 1 滴 HNO_3($2\ mol \cdot L^{-1}$)和 2 滴 $AgNO_3(0.1\ mol \cdot L^{-1})$,若有白色沉淀生成,则初步表示有 Cl^- 的存在。然后再离心分离,弃去清液,于沉淀上加数滴 $NH_3 \cdot H_2O(6\ mol \cdot L^{-1})$,沉淀溶解,再加 $HNO_3(6\ mol \cdot L^{-1})$ 酸化,白色沉淀复出,则表示有 Cl^- 存在。

(9) Br^- 和 I^- 的鉴定。取 $KBr(0.1\ mol \cdot L^{-1})$ 和 $KI(0.1\ mol \cdot L^{-1})$ 的混合溶液 5 滴于试管中,加 1 滴 $H_2SO_4(3\ mol \cdot L^{-1})$ 酸化,加 1 mL CCl_4,加 1 滴氯水,充分摇荡,若 CCl_4 层呈紫红色,表示有 I^-,继续逐滴加入氯水,并摇荡,若 CCl_4 层紫红色褪去,又呈现棕黄色或黄色,表示有 Br^- 存在。

五、思考题

(1) 在焰色反应的实验操作中有哪些应注意之处?

(2) 取用碱金属时,应注意哪些安全措施?

(3) Cl_2 能从含 I^- 的溶液中置换出 I_2,I_2 又能从 $KClO_3$ 溶液中置换出 Cl_2,两者有无矛盾?试加以说明。

实验十一 副 族 元 素

一、实验目的

1. 了解某些元素的氢氧化物或氧化物的生成和性质。
2. 了解某些元素的配合物的生成和性质。
3. 了解部分代表性元素的硫化物的生成和溶解性。
4. 了解几种常见化合物的氧化还原性。
5. 了解副族元素的常见离子的鉴定。

二、实验原理

1. 副族元素的氢氧化物既有不同的酸碱性，又有不同的稳定性。$Cr(OH)_3$ 和 $Zn(OH)_2$ 是典型的两性氢氧化物。$Cu(OH)_2$ 显两性，但稍偏碱性。$Cd(OH)_2$ 微显两性而极偏碱性，只能溶于热而浓的强碱中。$Ni(OH)_2$ 和 $Fe(OH)_3$ 显碱性。$AgOH$ 和 $Hg(OH)_2$ 都很不稳定，常温下生成时立即脱水为相应的碱性氧化物 Ag_2O 和 HgO。

2. 副族元素易形成配合物。这些配合物的特征颜色是鉴别元素及其不同价态形式的重要依据之一。$CoCl_2$、$NiSO_4$、$CuSO_4$ 同适量 $NH_3 \cdot H_2O$ 反应首先分别生成碱式盐沉淀 $Co(OH)Cl$（蓝色）、$Ni_2(OH)_2SO_4$（浅绿色）、$Cu_2(OH)_2SO_4$（浅蓝色）；$NH_3 \cdot H_2O$ 过量时，沉淀溶解形成氨配位离子 $[Co(NH_3)_6]^{2+}$（土黄色）、$[Ni(NH_3)_6]^{2+}$（蓝色）、$[Cu(NH_3)_4]^{2+}$（深蓝色），其中 $[Co(NH_3)_6]^{2+}$ 不稳定，易被空气氧化为 $[Co(NH_3)_6]^{3+}$（红棕色）。

Ag^+、Zn^{2+}、Cd^{2+} 与 $NH_3 \cdot H_2O$ 反应时，首先分别生成沉淀 Ag_2O（棕灰色）、$Zn(OH)_2$（白色）和 $Cd(OH)_2$（白色）；当 $NH_3 \cdot H_2O$ 过量时，沉淀溶解形成氨配位离子 $[Ag(NH_3)_2]^+$（无色）、$[Zn(NH_3)_4]^{2+}$（无色）和 $[Cd(NH_3)_4]^{2+}$（无色）。

Fe^{3+} 与 SCN^- 形成血红色的配离子，该反应是鉴定 Fe^{3+} 的灵敏反应，此血红色可被 F^- 掩蔽：

$$Fe^{3+} + nSCN^- = [Fe(NCS)_n]^{3-n} \quad (n=1\sim6 \text{ 均为红色})$$

$$[Fe(NCS)_n]^{3-n} + 6F^- = nSCN^- + [FeF_6]^{3-}（无色） \quad (n=1\sim6)$$

Hg^{2+} 与 KI、$CuSO_4$ 溶液反应生成配合物 $Cu_2[HgI_4]$（淡橘红色）沉淀，是 Hg^{2+} 的鉴定反应：

$$Hg^{2+} + 4I^- = [HgI_4]^{2-}$$

$$2Cu^{2+} + 4I^- = 2CuI(s) + I_2$$

$$2CuI(s) + [HgI_4]^{2-} = Cu_2[HgI_4](s) + 2I^-$$

对观察配合物颜色有干扰的黄色 I_2 可用 Na_2SO_3 除去:

$$SO_3^{2-} + I_2 + H_2O \Longrightarrow SO_4^{2-} + 2H^+ + 2I^-$$

Ni^{2+} 与丁二酮肟反应得桃红色内配盐,该反应的适宜条件为 $pH=5\sim10$:

3. 常见副族元素的硫化物多有颜色,且以黑色居多。按其在水中和稀酸[$c(H^+)\approx$ $0.3\ mol \cdot L^{-1}$]中的溶解性差别可粗略分为两类:第一类难溶于水而溶于稀酸,如 MnS (肉色)、ZnS(白色)、FeS(棕黑色)、Fe_2S_3(黑色)、CoS(黑色)、NiS(黑色)等;第二类难溶于水和稀酸,如 CdS(黄色)、CuS(黑色)、Ag_2S(黑色)、HgS(黑色)等。第二类可依次通过提高酸的浓度,改用氧化性酸(HNO_3)甚至王水(1 体积浓 HNO_3 和 3 体积浓 HCl 的混合液)而溶解。

4. 在 Cr^{3+} 溶液中加碱,即生成灰绿色的 $Cr(OH)_3$ 沉淀,它具有两性:

$$Cr^{3+} + 3OH^- \Longrightarrow Cr(OH)_3 \Longrightarrow H_2O + HCrO_2 \Longrightarrow H_2O + H^+ + CrO_2^-(亮绿色)$$

$Cr(Ⅲ)$ 转化为 $Cr(Ⅵ)$,在碱性条件下容易一些:

$$2CrO_2^- + 3H_2O_2 + 2OH^- \Longrightarrow 2CrO_4^{2-} + 4H_2O$$

在水溶液中,CrO_4^{2-}、$Cr_2O_7^{2-}$ 存在如下平衡:

$$2CrO_4^{2-}(黄色) + 2H^+ \Longrightarrow Cr_2O_7^{2-}(橙色) + H_2O$$

在酸性溶液中,$Cr_2O_7^{2-}$ 与 H_2O_2 能生成深蓝色过氧化铬 $CrO(O_2)_2$(或 CrO_5),但它不稳定,极易分解为 Cr^{3+} 和 O_2。若被萃取到戊醇或乙醚中则稳定得多,反应方程式为:

$$Cr_2O_7^{2-} + 4H_2O_2 + 2H^+ \Longrightarrow 2CrO(O_2)_2(深蓝) + 5H_2O$$

$$CrO(O_2)_2 + (C_2H_5)_2O \Longrightarrow CrO(O_2)_2(C_2H_5)_2O(深蓝)$$

$$4CrO(O_2)_2 + 12H^+ \Longrightarrow 4Cr^{3+} + 7O_2 + 6H_2O$$

此反应用来鉴定 $Cr(Ⅲ)$ 或 $Cr(Ⅵ)$。

MnO_4^- 在酸性、中性(或弱碱性)、强碱性溶液中,其还原产物分别为 Mn^{2+}、MnO_2、MnO_4^{2-}。Mn^{2+} 在酸性溶液中相当稳定,必须用强氧化剂 PbO_2、$(NH_4)_2S_2O_8$ 或 $NaBiO_3$ 才能将其氧化为 MnO_4^-:

$$5NaBiO_3 + 2Mn^{2+} + 14H^+ \Longrightarrow 2MnO_4^- + 5Bi^{3+} + 5Na^+ + 7H_2O$$

三、实验用品

1. 仪器

离心机。

2. 药品

酸：HCl(1 mol·L^{-1}、浓)，HAc(2 mol·L^{-1})，H$_2$SO$_4$(1 mol·L^{-1}、3 mol·L^{-1})，HNO$_3$(2 mol·L^{-1}、6mol·L^{-1}、浓)。

碱：NaOH(2 mol·L^{-1}、6 mol·L^{-1})，NH$_3$·H$_2$O(2 mol·L^{-1}、6 mol·L^{-1})。

盐：KSCN(0.1 mol·L^{-1})，KI(0.1 mol·L^{-1})，KMnO$_4$(0.01 mol·L^{-1})，K$_4$[Fe(CN)$_6$](0.1 mol·L^{-1})，K$_3$[Fe(CN)$_6$](0.1 mol·L^{-1})，NaF(1 mol·L^{-1})，Na$_4$P$_2$O$_7$(0.1 mol·L^{-1})，Na$_2$S(1 mol·L^{-1})，Na$_2$SO$_3$(0.5 mol·L^{-1})，ZnCl$_2$(0.1 mol·L^{-1})，CrCl$_3$(0.1 mol·L^{-1})，MnSO$_4$(0.1 mol·L^{-1})，FeCl$_3$(0.1 mol·L^{-1})，CoCl$_2$(0.1 mol·L^{-1})，NiSO$_4$(0.1 mol·L^{-1})，CdSO$_4$(0.1 mol·L^{-1})，CuSO$_4$(0.1 mol·L^{-1})，AgNO$_3$(0.1 mol·L^{-1})，Hg(NO$_3$)$_2$(0.1 mol·L^{-1})，(NH$_4$)$_2$[Fe(SO$_4$)$_2$](0.1 mol·L^{-1})。

固体：Na$_2$SO$_3$，NaBiO$_3$，铜片。

3. 其他

丁二酮肟，H$_2$O$_2$(3%)，戊醇。

四、实验内容及要求

1. 氢氧化物的生成和性质

在点滴板中分别实验 0.1 mol·L^{-1} 的 FeCl$_3$、NiSO$_4$、CdSO$_4$、CuSO$_4$、CrCl$_3$ 和 ZnCl$_2$ 与适量 NaOH(2 mol·L^{-1})的作用，观察氢氧化物沉淀的颜色。

实验上述各氢氧化物沉淀分别再与过量 NaOH(2 mol·L^{-1})和 H$_2$SO$_4$(1 mol·L^{-1})的作用。

2. 银、汞的氧化物的生成和性质

在 2 支分别盛有 3 滴 AgNO$_3$(0.1 mol·L^{-1})和 3 滴 Hg(NO$_3$)$_2$(0.1 mol·L^{-1})溶液的试管中，滴加少量 NaOH(2 mol·L^{-1})，观察每支试管中沉淀的生成和颜色。检验沉淀是否溶于 HNO$_3$(2 mol·L^{-1})和 NaOH(6 mol·L^{-1})中，写出反应方程式。

3. 配合物的生成和性质

(1) 氨合物

在点滴板中，分别实验 0.1 mol·L^{-1} 的 CoCl$_2$、NiSO$_4$、CuSO$_4$、AgNO$_3$、ZnCl$_2$、

$CdSO_4$ 同适量 $NH_3 \cdot H_2O(2 \ mol \cdot L^{-1})$ 及过量 $NH_3 \cdot H_2O(6 \ mol \cdot L^{-1})$ 的作用,观察各步骤的现象,写出反应方程式。

（2）元素的非氨配体配合物

① 铁的配合物。取 1 滴 $FeCl_3$（$0.1 \ mol \cdot L^{-1}$）溶液于点滴板中,加 1 滴 KSCN（$0.1 \ mol \cdot L^{-1}$）溶液,观察现象(此反应为 Fe^{3+} 的鉴定反应);再加 5 滴 NaF（$1 \ mol \cdot L^{-1}$）溶液,观察溶液颜色的改变,写出反应方程式。

② 汞的配合物。在点滴板的两穴中,各加 1 滴 $Hg(NO_3)_2$（$0.1 \ mol \cdot L^{-1}$）溶液,再分别逐滴加入 KSCN（$0.1 \ mol \cdot L^{-1}$）溶液,观察白色沉淀的生成;继续分别滴加 KSCN 溶液,至沉淀刚溶解后无色 $[Hg(SCN)_4]^{2-}$ 配离子开始生成。然后在一穴中加入几滴 $ZnCl_2$（$0.1 \ mol \cdot L^{-1}$）溶液,观察白色 $Zn[Hg(SCN)_4]$ 沉淀的生成(此反应为 Zn^{2+} 的鉴定反应);在另一穴中加几滴 $CoCl_2$（$0.1 \ mol \cdot L^{-1}$）溶液,观察蓝色 $Co[Hg(SCN)_4]$ 沉淀的生成(此反应为 Co^{2+} 的鉴定反应),写出反应方程式。

取 2 滴 $Hg(NO_3)_2$（$0.1 \ mol \cdot L^{-1}$）溶液于试管中,加 4 滴 KI（$0.1 \ mol \cdot L^{-1}$）溶液,观察无色 $[HgI_4]^{2-}$ 配离子的生成;再加 2 滴 $CuSO_4$（$0.1 \ mol \cdot L^{-1}$）溶液,加少量 Na_2SO_3 固体,有淡橘红色 $Cu_2[HgI_4]$ 沉淀生成。

③ 镍的配合物。取 2 滴 $NiSO_4$（$0.1 \ mol \cdot L^{-1}$）溶液于点滴板上,加 2 滴 $NH_3 \cdot H_2O$（$2 \ mol \cdot L^{-1}$）,再加 2 滴丁二酮肟,观察现象(此反应为 Ni^{2+} 的鉴定反应),写出反应方程式。

④ 铜的配合物。在点滴板中加 2 滴 $CuSO_4$（$0.1 \ mol \cdot L^{-1}$）溶液,再逐滴加入 $Na_4P_2O_7$（$0.1 \ mol \cdot L^{-1}$）溶液至生成蓝白色 $Cu_2P_2O_7$ 沉淀,继而沉淀溶解生成蓝色 $[Cu(P_2O_7)_2]^{6-}$ 配离子,写出反应方程式。

4. 硫化物的生成和溶解

在 4 支离心管中,分别加入浓度均为 $0.1 \ mol \cdot L^{-1}$ 的 $ZnCl_2$、$CdSO_4$、$CuSO_4$ 和 $Hg(NO_3)_2$ 溶液,再分别加入 Na_2S（$1 \ mol \cdot L^{-1}$）溶液,观察沉淀的生成和颜色。每种沉淀经离心分离、洗涤后,各分成 4 份装于 4 支试管中,依次分别加入 HCl（$1 \ mol \cdot L^{-1}$）、HCl（浓）、HNO_3（浓）和王水(自配),观察沉淀的溶解情况(其中黄色 CdS 沉淀的生成且不溶于稀酸,是 Cd^{2+} 的鉴定反应)。写出反应方程式,并用溶度积常数解释之。

5. 化合物的氧化还原性

（1）铬的化合物

取 5 滴 $CrCl_3$（$0.1 \ mol \cdot L^{-1}$）溶液于试管中,加入过量的 NaOH（$6 \ mol \cdot L^{-1}$）,然后加数滴 H_2O_2（3%）,微热至溶液呈黄色。待试管冷却后,再加几滴 H_2O_2（3%）,加 0.5 mL 戊醇(或乙醚),慢慢滴入 HNO_3（$6 \ mol \cdot L^{-1}$）,振荡试管,戊醇层呈深蓝色。写出反应方程式。

(2) 锰的化合物

① 在点滴板的三穴中分别加入 3 滴 H_2SO_4(3 mol·L^{-1})、蒸馏水和 NaOH(6 mol·L^{-1})，然后各加入 3 滴 $KMnO_4$(0.01 mol·L^{-1})溶液；再各滴加 Na_2SO_3(0.5mol·L^{-1})溶液，观察现象，写出反应方程式。

② 在试管中加 2 滴 $MnSO_4$(0.1 mol·L^{-1})溶液和数滴 HNO_3(6 mol·L^{-1})，加少量$NaBiO_3$固体(芝麻大)，静置沉降，观察上层清液的紫红色(该反应为 Mn^{2+} 的鉴定反应)，写出反应式。

(3) 铁的化合物

取 1 mL $FeCl_3$(0.1 mol·L^{-1})溶液于试管中，加入一小片铜，观察溶液颜色的变化，写出反应方程式。

6. 离子鉴定

(1) Cu^{2+}

在点滴板上加 2 滴 $CuSO_4$(0.1 mol·L^{-1})试液，加 1 滴 HAc(2 mol·L^{-1})溶液和 2 滴 $K_4[Fe(CN)_6]$(0.1 mol·L^{-1})溶液，若有红棕色沉淀生成，则表示有 Cu^{2+}。

(2) Ag^+

取 5 滴 $AgNO_3$(0.1 mol·L^{-1})试液于离心试管中，加 HCl(1 mol·L^{-1})溶液至沉淀完全，离心分离，在沉淀中加 NH_3·H_2O(2 mol·L^{-1})至白色沉淀溶解，再加 HNO_3(2 mol·L^{-1})酸化，又有白色沉淀生成，表示有 Ag^+。

(3) Fe^{2+}

取 1 滴$(NH_4)_2[Fe(SO_4)_2]$(0.1 mol·L^{-1})试液于点滴板上，加 2 滴 HCl(1 mol·L^{-1})酸化，加 1 滴 $K_3[Fe(CN)_6]$(0.1 mol·L^{-1})溶液，若有蓝色沉淀出现，则表示有 Fe^{2+}。

写出以上鉴定反应的方程式。

五、思考题

1. 怎样实现 $Cr^{3+} \longrightarrow CrO_2^- \longrightarrow CrO_4^{2-} \longrightarrow Cr_2O_7^{2-} \longrightarrow CrO_5 \longrightarrow Cr^{3+}$ 的转化？用反应方程式表示之。

2. 下列两组离子，每组各选用一种试剂区别组内的离子。

① Cr^{3+}、Zn^{2+}、Cd^{2+}、Ag^+ ② Zn^{2+}、Cd^{2+}、Cu^{2+}、Hg^{2+}

3. 为什么$[Co(H_2O)_6]^{2+}$很稳定，而$[Co(NH_3)_6]^{2+}$很容易被氧化？举例说明配离子的形成对氧化还原性的影响。

4. 总结 Cr^{3+}、Mn^{2+}、Fe^{3+}、Fe^{2+}、Co^{2+}、Ni^{2+}、Cu^{2+}、Ag^+、Zn^{2+}、Cd^{2+}、Hg^{2+} 离子的颜色、鉴定方法。

实验十二　离子的分离与鉴定

一、实验目的

1. 熟悉某些离子的分析特征。
2. 了解分离与鉴定离子的方法,掌握分离与鉴定中的基本操作方法。
3. 设计所给各组混合离子的分离和鉴定方案,并实践其中几组。

二、实验原理

无机定性分析就是鉴定和分离无机阴、阳离子,分离的目的是正确地鉴定。其方法分为系统分析法和分别分析法。

系统分析法是将可能共存的阳离子按一定顺序,用"组试剂"(即能将各离子分开的试剂,一般为沉淀剂)将性质相似的离子逐组分离,然后再将各组离子进行分离和鉴定。

分别分析法是分别取出一定量的试液,设法排除鉴定方法的干扰离子,加入适当试剂,直接进行鉴定的方法。

离子鉴定就是确定某种元素或其离子是否存在。只有那些作用迅速、现象变化明显、灵敏度高且选择性好的反应才能作为鉴定反应。

要使分离、鉴定按预期的方向进行,必须注意反应条件,如溶液的浓度、酸度和温度的影响及溶剂、催化剂和干扰物质的影响。

为了及时纠正错误、正确判断分析结果,还应作"空白实验"(即同时另取一份蒸馏水代替试液,以相同方法鉴定)以避免过检;作"对照实验"(即以已知离子的溶液代替试液,以相同方法鉴定)以避免漏检。

三、实验用品

1. 仪器

离心机。

2. 药品

酸:$HCl(2\ mol \cdot L^{-1})$,$HAc(2\ mol \cdot L^{-1})$,$HNO_3(2\ mol \cdot L^{-1}$、$6\ mol \cdot L^{-1})$,$H_2SO_4(1\ mol \cdot L^{-1})$。

碱:$NaOH(2\ mol \cdot L^{-1}$、$6\ mol \cdot L^{-1})$,$NH_3 \cdot H_2O(2\ mol \cdot L^{-1}$、$6\ mol \cdot L^{-1})$。

盐:$NaCl(0.1\ mol \cdot L^{-1})$,$K_4[Fe(CN)_6](0.1\ mol \cdot L^{-1})$,$KSCN(0.1\ mol \cdot L^{-1})$,$KI(0.1\ mol \cdot L^{-1})$,$AgNO_3(0.1\ mol \cdot L^{-1})$,$Hg(NO_3)_2(0.1\ mol \cdot L^{-1})$,$(NH_4)_2CO_3$

（12%）。

固体：锌粉，$NaBiO_3$。

3. 其他

CCl_4，H_2O_2（3%），氯水，戊醇，丁二酮肟（1%），混合离子 I（Cr^{3+}、Mn^{2+}、Cu^{2+}），混合离子 II（Fe^{3+}、Ni^{2+}、Zn^{2+}）。

四、实验内容及要求

1. 含 Cl^-、I^- 混合离子的分离与鉴定

分别取 10 滴 0.1 mol·L^{-1} 的 NaCl、KI 溶液混合于离心试管中，加 4 滴 HNO_3（2 mol·L^{-1}），并加 $AgNO_3$（0.1 mol·L^{-1}），边加边摇，至沉淀完全。离心分出清液，用蒸馏水洗涤沉淀，离心分出洗涤液。向离心试管中的沉淀加 4 滴 $(NH_4)_2CO_3$（12%），充分搅拌后离心分离，吸清液于试管中，缓慢滴加 HNO_3（2 mol·L^{-1}）酸化（防止 CO_2 产生过急溢出），观察现象，说明有什么离子存在。

将上述离心的沉淀物加 5 滴蒸馏水，用 H_2SO_4（1 mol·L^{-1}）酸化，加 20 mg 锌粉，搅拌片刻，离心分离，吸出清液于试管中，加数滴 CCl_4，再逐滴加氯水，充分振荡试管，观察 CCl_4 层颜色变化。

上述步骤可用图 3.8 表示。

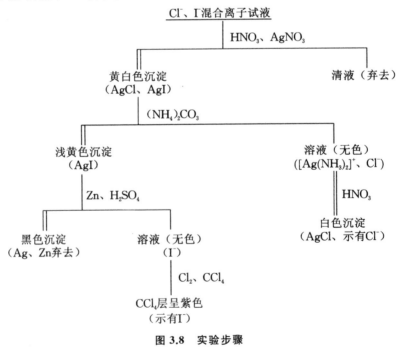

图 3.8 实验步骤

用反应方程式表示上述各反应。

2. 设计实验方案，对下列两组混合离子分别进行分离和鉴定

(1) 混合离子 I：Cr^{3+}、Mn^{2+}、Cu^{2+}；

(2) 混合离子 II：Fe^{3+}、Ni^{2+}、Zn^{2+}。

3. 用图解表示分离和鉴定下列各组离子的实验方案（选做）

(1) SO_4^{2-}、CO_3^{2-}、Cl^-；

(2) Ag^+、Fe^{3+}、Cr^{3+}；

(3) Mg^{2+}、Al^{3+}、Cr^{3+}、Mn^{2+}；

(4) Fe^{3+}、Co^{2+}、Ni^{2+}、Mn^{2+}、Al^{3+}、Cr^{3+}、Zn^{2+}。

五、思考题

1. 用沉淀法分离混合离子时，如何检验离子的沉淀是否完全？

2. 举例说明离子反应的特征（$[Ag(NH_3)_2]^+$、Cl^-）。

实验十三 pH法、电导率法测定弱电解质的电离常数

Ⅰ 直接pH法

一、实验目的

1. 掌握pH法测定HAc电离常数的原理和方法。

2. 了解酸度计的简单原理和使用方法。

二、实验原理

HAc在水溶液中存在着下列电离平衡：

$$HAc(aq) \Longrightarrow H^+(aq) + Ac^-(aq)$$

其电离标准平衡常数的表达式为：

$$K_a^{\ominus} = \frac{\{c(H^+)\}\{c(Ac^-)\}}{\{c(HAc)\}}$$

设HAc的起始浓度为c，平衡时，$c(H^+) = c(Ac^-) = x$，代入上式，可以得到：

$$K_{HAc} = x^2/(c - x)$$

在一定温度下，用酸度计测定一系列已知浓度的HAc的pH值，根据$pH = -\lg c(H^+)$换算出$c(H^+)$，代入上式可求出一系列对应的$K_a^{\ominus}$值，取其平均值，即为该温度下HAc的电离常数。

三、实验用品

1. 仪器

酸度计，酸式滴定管，烧杯(50 mL，洁净、干燥)，恒温水浴槽。

2. 药品

HAc标准溶液(0.1 mol·L^{-1})。

3. 其他

缓冲溶液(pH=4.00)。

四、实验内容及要求

1. 调节恒温水浴槽温度到指定温度。

2. 配制不同浓度的 HAc 溶液。将 4 个干燥的烧杯编为 1～4 号,然后按表 3.14 所列,用两支滴定管分别准确放入已知浓度的 HAc 溶液和蒸馏水,置于恒温水浴槽中恒温 10 min。

3. HAc 溶液 pH 值的测定。用酸度计由稀到浓测定 1～4 号 HAc 溶液的 pH 值。

4. 数据记录和处理。根据实验记录(表 3.14),计算 HAc 的电离常数。

表 3.14　pH 法测定 HAc 电离常数的实验记录

烧杯编号	HAc 的体积(mL)	H_2O 的体积(mL)	HAc 的浓度 c (mol·L^{-1})	pH 值	$c(H^+)$	$K_a^{\ominus}(HAc)=x^2/(c-x)$
1	3.00	45.00				
2	6.00	42.00				
3	12.00	36.00				
4	24.00	24.00				

测定时温度_____℃,HAc 的电离常数平均值 $\overline{K_a^{\ominus}}=$_____。

五、思考题

1. 改变被测 HAc 溶液的浓度或温度,电离度和电离常数是否发生变化? 若有变化,会怎样变化?

2. "电离度越大,酸度就越大"这句话是否正确? 根据本实验结果加以说明。

3. 什么条件下能用 $K_a^{\ominus}=\{c(H^+)^2\}/c$ 求 HAc 的电离常数?

4. 测定不同浓度的 HAc 的 pH 值时,测定顺序应由稀到浓,为什么?

5. 根据 HAc-NaAc 缓冲溶液中 $c(H^+)$ 的计算公式:$c(H^+)=K_a^{\ominus}\times\dfrac{c(HAc)}{c(Ac^-)}$,测定 $K_a^{\ominus}$ 时是否一定要预先知道 HAc 和 NaAc 的浓度? 为什么? 请设计测定方案。

6. 如何正确使用酸度计?

Ⅱ　电　导　率　法

一、实验目的

1. 掌握电导率法测定 HAc 电离常数的原理和方法。
2. 了解电导率仪的原理和使用方法。

二、实验原理

HAc 是一元弱酸,它的电离常数 $K_a^{\ominus}$ 和电离度 α 有如下关系:

$$\text{HAc} \rightleftharpoons \text{H}^+ + \text{Ac}^-$$

起始浓度	c	0	0
平衡时浓度	$c-c\alpha$	$c\alpha$	$c\alpha$

$$K_a^{\ominus} = (c\alpha)^2/(c-c\alpha) = c^2\alpha^2/c(1-\alpha) = c\alpha^2/(1-\alpha)$$

电离度可通过测定溶液的电导率来求得,从而得到电离常数。

对于弱电解质来说,某浓度时的电离度等于该浓度时的摩尔电导率与无限稀释极限摩尔电导率之比,即

$$\alpha = \Lambda_m/\Lambda_m^{\infty}$$

一定温度下,弱电解质的无限稀释摩尔电导率是一定的。表 3.15 列出了无限稀释时 HAc 溶液的极限摩尔电导率 Λ_m^{∞}。

表 3.15　无限稀释时 HAc 溶液的极限摩尔电导率 Λ_m^{∞}

温度(℃)	0	18	25	30
$\Lambda_m^{\infty}(\text{S} \cdot \text{m}^2 \cdot \text{mol}^{-1})$	2.45×10^{-2}	3.49×10^{-2}	3.907×10^{-2}	4.218×10^{-2}

摩尔电导率 $\Lambda_m(\text{S} \cdot \text{m}^2 \cdot \text{mol}^{-1})$ 与电导率 κ 的关系为:

$$\Lambda_m = \kappa V = \kappa/c$$

式中　V——含有 1 mol 电解质溶液的体积(m^3);

c——溶质的物质的量浓度($\text{mol} \cdot \text{m}^{-3}$)。

利用 α 表达式,可得:

$$K = (c\alpha)^2/(c-c\alpha) = c\Lambda_m^2/\Lambda_m^{\infty}(\Lambda_m^{\infty}-\Lambda_m)$$

这样,可以由实验测定浓度为 c 的 HAc 溶液的电导率 κ,算出 Λ_m 的值代入上式,即可算出 $K_a^{\ominus}$。

三、实验用品

1. 仪器

电导率仪,恒温水浴槽,酸式滴定管,烧杯(50 mL,洁净、干燥)。

2. 药品

HAc 标准溶液(0.1 $\text{mol} \cdot \text{L}^{-1}$)。

四、实验内容及要求

1. 调节恒温水浴槽温度到指定温度。

2. 配制不同浓度的 HAc 溶液。将 4 个干燥的烧杯编为 1～4 号,然后按表 3.16 所

列,用两支滴定管分别准确放入已知浓度的 HAc 溶液和蒸馏水,置于恒温水浴槽中恒温
10 min。

3. HAc 溶液电导率的测定。用电导率仪由稀到浓测定 1~4 号 HAc 溶液的电导率。

4. 数据记录和处理。测定时温度_____℃,Λ_m^∞_____S·m²·mol⁻¹。根据实验记录(表 3.16),计算 HAc 的电离常数。

表 3.16　电导率法测定 HAc 电离常数的实验记录

烧杯编号	HAc 的体积 (mL)	H_2O 的体积 (mL)	HAc 的浓度 c (mol·L⁻¹)	κ (S·m⁻¹)	Λ_m (S·m²·mol⁻¹)	α	K
1	3.00	45.00					
2	6.00	42.00					
3	12.00	36.00					
4	24.00	24.00					

HAc 的电离常数平均值 $\overline{K_a^\ominus}$ = _____。

五、思考题

1. 电解质溶液导电的特点是什么?

2. 什么叫电导、电导率和摩尔电导率? 为什么 Λ_m 与 Λ_m^∞ 之比即为弱电解质的电离度?

3. 测定 HAc 溶液电导率时,测定顺序为什么应由稀到浓进行?

实验十四 水的软化和净化处理

一、实验目的

1. 了解用配合(或络合)滴定法测定水的硬度的基本原理和方法。
2. 了解用离子交换法软化和净化水的基本原理和方法。
3. 进一步练习滴定的基本操作以及离子交换树脂和电导率仪的使用方法。

二、实验原理

1. 硬水和水的硬度

通常将溶有微量或不含有 Ca^{2+}、Mg^{2+} 等离子的水叫作软水,而将溶有较多量 Ca^{2+}、Mg^{2+} 等离子的水叫作硬水。水的硬度是指溶于水中的 Ca^{2+}、Mg^{2+} 等离子的含量。水中所含钙、镁的酸式碳酸盐经加热易分解而析出沉淀,由这类盐所形成的硬度称为暂时硬度。而由钙、镁的硫酸盐、氯化物、硝酸盐所形成的硬度称为永久硬度。暂时硬度和永久硬度的总和称为总硬度。

硬度有多种表示方法。例如,以水中所含 CaO 的浓度(以 $mmol \cdot L^{-1}$ 为单位)表示,也有以水中所含 CaO 的 ppm(即每升水中所含 CaO 的毫克数)表示。水质可按硬度的大小进行分类,如表 3.17 所示。

表 3.17 水质的分类

水质	水的总硬度	
	CaO(ppm) *	CaO($mmol \cdot L^{-1}$)
很软水	0~40	0~0.72
软水	40~80	0.72~1.4
中等硬水	80~160	1.4~2.9
硬水	160~300	2.9~5.4
很硬水	>300	>5.4

* 也可有用度(°)表示硬度,即每升水中含 10 mg CaO 为 1°,1°＝10 ppm CaO。

2. 水的硬度的测定原理

硬水不适用于许多工业生产过程,因而工业用水常需进行硬度的分析或测定,为水的处理提供依据。

水的硬度的测定方法甚多,最常用的是 EDTA 配合(或络合)滴定法(利用配合反应进行滴定的方法)。EDTA 是乙二胺四乙酸英文名称的缩写,常以 H_4Y 表示,在实验室中通常用其二钠盐 Na_2H_2Y(或 $Na_2H_2Y \cdot 2H_2O$)配制溶液。EDTA 的结构式如下:

$$HOOC-CH_2 \qquad\qquad CH_2-COOH$$
$$N-CH_2-CH_2-N$$
$$HOOC-CH_2 \qquad\qquad CH_2-COOH$$

在测定过程中,用铬黑 T(简称 EBT 或 BT,常以 H_3In 表示,但通常用其钠盐 NaH_2In)作指示剂,在适当的 pH 值下,用标准 EDTA 溶液滴定水样。铬黑 T 和 EDTA 均能与 Ca^{2+}、Mg^{2+} 形成配离子。它们的 $lgK_稳^\ominus$ 值及颜色如下:

配离子	$[CaY]^{2-}$	$[MgY]^{2-}$	$[MgIn]^-$	$[CaIn]^-$
$lgK_稳^\ominus$	11.0	8.64	7.0	5.4
颜色	无色	无色	红色	红色

水样中的少量 Mg^{2+}、Ca^{2+} 能与铬黑 T 指示剂形成红色的配离子 $[MgIn]^-$、$[CaIn]^-$。当用标准 EDTA 溶液滴定时,待水样中其余 Ca^{2+} 和 Mg^{2+} 与 EDTA 作用完毕后,上述 $[MgIn]^-$ 或 $[CaIn]^-$ 即转化为更稳定的配离子 $[CaY]^{2-}$、$[MgY]^{2-}$,此时溶液由红色转变为铬黑 T 指示剂本身的蓝色,表明达到滴定终点。反应方程式可表示如下(以 Ca^{2+} 为例):

$$Ca^{2+} + [H_2Y]^{2-} \!=\!=\! [CaY]^{2-} + 2H^+$$

$$\underset{红色}{[CaIn]^-} + \underset{无色}{[H_2Y]^{2-}} + OH^- \!=\!=\! \underset{无色}{[CaY]^{2-}} + \underset{蓝色}{[HIn]^{2-}} + H_2O$$

根据下列公式可算出水的总硬度:

$$总硬度 = \frac{c(\text{EDTA}) \cdot V(\text{EDTA})}{V(\text{水样})} \times 10^3 \text{ mmol} \cdot \text{L}^{-1}$$

或

$$总硬度 = \frac{c(\text{EDTA}) \cdot V(\text{EDTA})}{V(\text{EDTA})} \times M(\text{CaO}) \times 10^3 \text{ ppm}$$

式中　$c(\text{EDTA})$——标准 EDTA 溶液的浓度($\text{mol} \cdot \text{L}^{-1}$);

$\qquad$ $V(\text{EDTA})$——滴定中用去的标准 EDTA 溶液体积(mL);

$\qquad$ $V(\text{水样})$——所取待测水样的体积(mL);

$\qquad$ $M(\text{CaO})$——CaO 的摩尔质量($\text{g} \cdot \text{mol}^{-1}$)。

3. 水的软化和净化处理

硬水软化和净化的方法很多,本实验采用离子交换法。使水样中的 Ca^{2+}、Mg^{2+} 等离子与正离子交换树脂(如 $R-SO_3H$)进行离子交换。离子交换后的水即为软化水(简称

软水);若使水样中的正、负离子与正、负离子交换树脂[后者如 $R-N(CH_3)_3OH$]进行离子交换,可除去水样中的杂质正、负离子,从而使水净化,所得的水叫作去离子水。反应方程式可表示如下(以杂质 Mg^{2+}、Cl^- 为例):

$$2R-SO_3H+Mg^{2+}=\!=\!=(R-SO_3)_2Mg+2H^+$$
$$2R-N(CH_3)_3OH+2Cl^-=\!=\!=2R-N(CH_3)_3Cl+2OH^-$$
$$H^++OH^-=\!=\!=H_2O$$

4. 水的软化和净化检验

水中微量 Mg^{2+}、Ca^{2+} 的存在,可用铬黑 T 指示剂进行检验。在 $pH=8\sim11$ 的溶液中,铬黑 T 能与 Mg^{2+}、Ca^{2+} 作用而显红色。

纯水是一种极弱的电解质,水样中所含有的可溶性杂质常使其导电能力增大。用电导率仪测定水样的电导率,可以确定去离子水的纯度。各种水样的电导率值大致范围如下:

自来水	$5.3\times10^{-4}\sim5.0\times10^{-3}$ S·cm^{-1}
一般实验室用水	$1.0\times10^{-6}\sim5.0\times10^{-5}$ S·cm^{-1}
去离子水	$8.0\times10^{-7}\sim4.0\times10^{-6}$ S·cm^{-1}
蒸馏水	$6.3\times10^{-8}\sim2.8\times10^{-6}$ S·cm^{-1}
最纯水	$<5.5\times10^{-8}$ S·cm^{-1}

三、实验用品

1. 仪器

常用仪器:烧杯(100 mL,2 只;250 mL),锥形瓶(250 mL,2 只),蒸发皿,试管,试管架,试管夹,铁架,铁圈,铁夹,铁夹座,螺丝夹,药匙,滴管,量筒(10 mL,4 只;50 mL),移液管(25 mL;100 mL),吸气橡皮球,碱式滴定管(50 mL,4 支),滴定管夹,白瓷板,洗瓶,玻璃棒,滤纸(或滤纸碎片),玻璃纤维,T 形管,乳胶管。

其他:电导率仪(附铂黑电极和铂光亮电导电极),高位水槽(可用玻璃瓶代替)。

2. 药品

氨水 NH_3(aq)(2 mol·L^{-1}),NaOH(2.5 mol·L^{-1}),NH_3-NH_4Cl 缓冲溶液[注1],铬黑 T 指示剂[注2],标准 EDTA(0.02 mol·L^{-1}、4 位有效数字)[注3],三乙醇胺 $N(CH_2CH_2OH)_3$(33%),强酸型正离子交换树脂(001×7),强碱型负离子交换树脂(201×7),待测水样(可用自来水)。

注1:称取 54 g NH_4Cl 溶于少量去离子水中,加入 350 mL 浓氨水(密度为 0.88 g·mL^{-1}),再用去离子水稀释到 1 L(pH=10)。

注2:通常用的是钠盐 NaH_2In(亦称为铬黑 T)。它是一种二羟基偶氮类染料,化学

名称是 1-(1-羟基 2-萘偶氮)-6-硝基-2-萘酚-4-磺酸钠,结构式为:

NaH$_2$In 在固态时较稳定,但在水溶液中会发生聚合:

$$n\,H_2In^- \rightleftharpoons (H_2In^-)_n$$

聚合后的铬黑 T 就不能再与金属离子配合,因而通常采用固体铬黑 T 作指示剂。可取铬黑 T 和干燥的 NaCl(或无水 Na$_2$SO$_4$)按 1:100 质量比,放在研钵中研磨均匀后,置于棕色瓶中密闭保存,或将它置于干燥器中备用。

注 3:称取 3.7 g H$_2$Y·2H$_2$O 溶于约 200 mL 温水中(若呈现浑浊,应过滤之),然后用去离子水稀释到 500 mL,摇匀(需长期放置时,应贮存于聚乙烯瓶中)。

用移液管量取 25.00 mL 标准钙离子溶液,按本实验内容 1 的方法,用所配制的 EDTA 溶液进行滴定,直至溶液由红色转变为蓝色时,即为滴定终点。重复滴定一次。根据下式可计算出 EDTA 溶液的准确浓度 c(EDTA)。

$$c(\mathrm{EDTA}) = \frac{c(\mathrm{Ca^{2+}}) \cdot V(\mathrm{Ca^{2+}})}{V(\mathrm{EDTA})} \ \mathrm{mol \cdot L^{-1}}$$

式中　c(Ca^{2+})——标准钙离子溶液的浓度(mol·L^{-1});

V(Ca^{2+})——所取标准钙离子溶液的体积(mL);

V(EDTA)——两次滴定中用去的 EDTA 溶液的平均体积(mL)。

附:标准钙离子溶液(0.02 mol·L^{-1},4 位有效数字)的配制

置 CaCO$_3$(分析纯)于称量瓶中,在 110 ℃烘箱中干燥约 2 h 后,移至干燥器中冷却。然后准确称取 0.5～0.6 g(4 位有效数字),置于烧杯中。用少量去离子水润湿 CaCO$_3$,然后逐滴加入 2 mol·L^{-1} HCl 溶液(此时可用一表面皿遮盖烧杯,以防固体溅失)至 CaCO$_3$ 完全溶解。用去离子水将可能溅到表面皿上和烧杯内壁上的溶液淋洗于烧杯中。再加热至沸腾,待冷却后转入 250 mL 容量瓶中,用去离子水稀释到刻度。

四、实验内容及要求

1. 水的总硬度测定

用移液管量取 100.00 mL 水样[注 4],置于 250 mL 锥形瓶中,先加入 5 mL 三乙醇胺 N(CH$_2$CH$_2$OH)$_3$ 溶液[注 5]和 5 mL NH$_3$-NH$_4$Cl 缓冲溶液[注 6],摇匀后,加入约 0.1 g 铬黑 T 指示剂,再摇匀,然后用标准 EDTA 溶液滴定至溶液由红色变为蓝色[注 7],即达到滴定终点。记录用去的标准 EDTA 溶液体积。再测定一次(按分析要求,两次滴定误差应

不大于 0.15 mL），取两次实验的平均值，计算水样的总硬度，以 mmol·L^{-1} 或 ppm 表示。

注4：此量一般适用于总硬度为 $0.018 \sim 4.5$ mmol·L^{-1} 的水样。当总硬度＞4.5 mmol·L^{-1} 时，则水样取量要相应减少。若水样不澄清，则必须过滤。过滤所用的仪器和定性滤纸必须干燥。最初和最后的滤液宜弃去。本实验可取自来水作为待测水样。

注5：由于 EDTA 还能与许多其他金属离子如 Fe^{3+}、Al^{3+}、Zn^{2+}、Cu^{2+}、Mn^{2+} 等配合（或络合），当水样中含有上述离子时，将影响测定结果。对于 Fe^{3+}、Al^{3+} 的影响。一般可借加入三乙醇胺 $N(CH_2CH_2OH)_3$ 进行掩蔽以去除干扰；对于 Zn^{2+}、Cu^{2+}、Mn^{2+} 等离子的影响，可在水样中加入少量 KCN 或 Na_2S 进行掩蔽，以去除干扰。

注6：硬度较大的水样，在加入缓冲溶液后，常会析出少量 $CaCO_3$、$[Mg(OH)]_2CO_3$ 等沉淀，会影响滴定终点。若遇此情况，可在水样中先加入适量稀酸溶液，摇匀，再调节至近中性，然后加入缓冲溶液。

注7：在温度较低时，H_2Y^{2-} 与 Ca^{2+}、Mg^{2+} 的配合（或络合）反应速率较慢。必要时，可将水样适当加热至 40 ℃ 左右，再行滴定。

2. 硬水软化——离子交换法

（1）装柱

将已拆除下端尖嘴和玻璃珠的碱式滴定管作为交换柱，于其底部塞入少量玻璃纤维，下端通过乳胶管与 T 形管相连接。乳胶管用螺丝夹夹住，将交换柱固定在铁架上，然后将正离子交换树脂（已用酸转型处理过的）装入柱内。要求树脂堆积紧密，不带气泡，并使树脂始终保持被去离子水覆盖的状态。

（2）离子交换

将高位槽（或直接用乳胶管接上自来水管）的水样慢慢注入交换柱中，同时调节下端的螺丝夹，使经离子交换后的流出水以每分钟 $25 \sim 30$ 滴的流速滴出[注8]。弃去开始流出的约 20 mL 水，然后用小烧杯接取流出的水约 30 mL，留作检验 Ca^{2+}、Mg^{2+} 用。

（3）Ca^{2+}、Mg^{2+} 的检验

分别取水样（或自来水）、已经软化的水各约 5 mL，各加入 10 滴 NH_3-NH_4Cl 缓冲溶液，再加入少量铬黑 T 指示剂，摇匀，观察并比较颜色，判断是否含有 Ca^{2+} 和 Mg^{2+}。

注8：流出水流速不宜过快，否则影响树脂的交换效率。

3. 水的净化——离子交换法

（1）装柱

取 2 支碱式滴定管，分别装入负离子交换树脂（作为柱 2）和正、负离子的混合树脂（作为柱 3），然后如图 3.9 所示，用乳胶管将实验 2（1）中的交换柱（作为柱 1）与柱 2、柱 3

相连接,并用螺丝夹将相连的乳胶管夹紧。每支交换柱都需固定在铁架上。

（2）离子交换

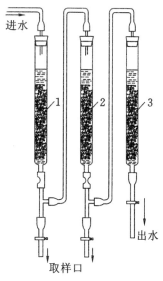

图 3.9 离子交换法净化水的
装置示意图

将高位槽(或直接用乳胶管接上自来水管)的水样慢慢注入交换柱 1 中,同时把柱 1 与柱 2 下端的螺丝夹夹紧,调节柱 1 与柱 2 之间、柱 2 与柱 3 之间相连的乳胶管的螺丝夹和柱 3 下端的螺丝夹。使离子交换后的流出水以每分钟 25～30 滴的流速滴出。弃去开始流出的约 20 mL 水,再取流出水约 30 mL,留作检验用[注9]。

（3）水的电导率测定

用电导率仪分别测定水样(或自来水)和净化水的电导率。测定自来水的电导率时用铂黑电极,测定净化水的电导率时用铂光亮电极。

注 9：净化水的电导率测定应尽快进行,否则空气中的少量 CO_2、HCl、NH_3 等气体将溶于水中,会使水的电导率值升高,产生误差。

五、思考题

1. 用 EDTA 配合(或络合)滴定法测定水硬度的基本原理是什么？使用什么指示剂？滴定终点的颜色如何变化？

2. 用离子交换法使硬水软化和净化的基本原理是什么？操作中有哪些应注意之处？

3. 为什么通常可用电导率值的大小来估计水质的纯度？是否可以认为电导率值越小,水质的纯度越高？

4. 量取 100.00 mL 水样测定其总硬度。设测定中用去 12.50 mL 0.01440 mol·L^{-1} EDTA 溶液,试计算水的总硬度。

实验十五　白乳胶(聚醋酸乙烯酯)的制备

一、实验目的

了解自由基型加聚反应的原理和乳液聚合的方法。

二、实验原理

烯类单体的自由基型加聚反应可按本体、溶液、悬浮和乳液等方法进行。采用何种方法主要取决于产物的用途。

乳液聚合即烯类单体在乳化剂(又称表面活性剂)的作用下,分散在水相中呈乳状液,并在水溶性引发剂的作用下进行聚合反应,得到以微胶粒(0.1~1.0 μm)状态分散在水相中的乳白色(有时带蓝光)聚合物乳液。这种乳液稳定性良好,由于使用水作分散介质,具有经济、安全和不污染环境等优点,所以得到迅速的发展,广泛应用于涂料、黏合剂、纺织印染和纸张助剂等的制造。

醋酸乙烯酯通过乳液聚合得到的聚醋酸乙烯酯乳液,广泛用于建筑涂料的制造和木材、纸品的黏合剂等,故又称白乳胶。除此之外,醋酸乙烯与各种其他单体的共聚型乳液的不断问世,改善了性能,拓宽了用途。

$$n\text{CH}_2 =\!\!= \text{CH} \longrightarrow \left\{ \text{CH}_2 - \text{CH} \right\}_n$$
$$\quad\qquad | \qquad\qquad\qquad\qquad\qquad |$$
$$\quad\qquad \text{O} - \text{C} - \text{CH}_3 \qquad\qquad\quad \text{O} - \text{C} - \text{CH}_3$$
$$\qquad\qquad\quad || \qquad\qquad\qquad\qquad\qquad ||$$
$$\qquad\qquad\quad \text{O} \qquad\qquad\qquad\qquad\qquad\quad \text{O}$$

三、实验用品

1. 仪器

三口烧瓶,温度计,球形冷凝管,滴液漏斗,搅拌器。

2. 药品

过硫酸铵(5%),碳酸氢钠(5%),邻苯二甲酸二丁酯,醋酸乙烯酯,聚乙烯醇,乳化剂OP-10。

四、实验内容及要求

1. 聚乙烯醇的溶解

在装有搅拌器、温度计和球形冷凝管的 250 mL 三口烧瓶中加入 44 mL 去离子水和

0.5 g 乳化剂 OP-10,开动搅拌器,逐渐加入 3 g 聚乙烯醇。加热升温,在 80～90 ℃保持 0.5 h 左右,直至聚乙烯醇全部溶解,冷却备用。

2.聚合

把 10 g 蒸馏过的醋酸乙烯酯和 2 mL 5％过硫酸铵水溶液加至上述三口烧瓶中。开动搅拌器,水浴加热,保持温度在 65～75 ℃。当回流基本消失时,用滴液漏斗在 1.5～2 h 内缓慢地、按比例地滴加 34 g 醋酸乙烯酯和余量的过硫酸铵水溶液,加料完毕后升温至 90～95 ℃,至无回流为止,冷却至 50 ℃。加入 2～4 mL 5％碳酸氢钠水溶液,调整 pH 值至 5～6。测定乳液固含量后,慢慢加入 5 g 邻苯二甲酸二丁酯,搅拌冷却 1 h,即得白色黏稠状的乳液。

3.测定乳液的固含量和黏度

用表面皿做容器,在分析天平上准确称取一定量的聚醋酸乙烯酯乳液,放在 80～90 ℃烘箱中(2～4 h),烘干后再准确称取剩余物质量,即可求出聚醋酸乙烯酯乳液的固体含量。黏度用涂 4# 杯测定。

五、注意事项

1.聚乙烯醇溶解速度较慢,必须溶解完全,并保持原来的体积。如使用工业品聚乙烯醇,可能会有少量皮屑状不溶物悬浮于溶液中,可用粗孔铜丝网过滤除去。

2.滴加单体的速度要均匀,防止加料太快发生爆聚冲料等事故。过硫酸铵水溶液数量少,注意均匀、按比例地与单体同时加完。

3.搅拌速度要适当,升温不能过快。

4.瓶装的试剂级醋酸乙烯酯需蒸馏后才能使用。

六、思考题

1.聚乙烯醇在反应中起什么作用? 为什么要与乳化剂 OP-10 混合使用?

2.为什么大部分的单体和过硫酸铵用逐步滴加的方式加入?

3.过硫酸铵在反应中起什么作用? 其用量过多或过少对反应有何影响?

4.为什么反应结束后要用碳酸氢钠调整 pH 值至 5～6?

第4章 附　录

1. 试剂知识

常用化学试剂的规格是以其中所含杂质的多少来划分的,一般可以分为四个等级及生化试剂(表4.1)。此外,还有许多符合某方面特殊要求的试剂,如基准试剂、色谱纯试剂等。

表 4.1　试剂规格和适用范围

级别	中文名称	符号	适用范围	标签颜色
一级	优级纯(保证试剂)	G.R	精密分析实验	绿色
二级	分析纯(分析试剂)	A.R	一般分析实验	红色
三级	化学纯	C.P	一般化学实验	蓝色
四级	实验试剂	L.R	一般化学实验辅助试剂	棕色或其他颜色
生化试剂	生化试剂	B.R,C.R	生物化学及医用化学实验	黄色等

2. 无机化学实验常用仪器(表4.2)

表 4.2　无机化学实验常用仪器表

仪器	规格	用途	注意事项
试管 离心试管 试管架	试管分为硬质试管、软质试管,包括普通试管、离心试管。普通试管以管口外径(mm)×长度(mm)表示。离心试管以容积(mL)表示。试管架有木质、铝质和塑料等质地	试管用作少量试剂的反应容器,便于操作和观察。离心试管还可用于沉淀分离。试管架用于放试管	普通试管可直接用火加热。硬质试管可加热至高温,加热前外壁要擦干,加热后不能马上骤冷。离心试管只能用水浴加热

仪器	规格	用途	注意事项
点滴板	瓷质,分为白色、黑色,六凹穴、九凹穴、十二凹穴等	用于几滴试液与几滴试剂混合后不需要加热,分离的显色(包括产生有色沉淀)的反应;用作基本微型实验仪器	白色沉淀用黑色板,有色沉淀或溶液用白色板。用时洗净并尽量吹干,亦可晾干或擦干
试管夹	有木、竹或金属制品	夹持试管用	防止烧损或锈蚀
毛刷	以大小和用途表示。如试管刷、滴定管刷等	洗刷玻璃仪器	防止刷子顶端的铁丝顶撞玻璃仪器
烧杯	以容积(mL)表示,外形有高低之分	用作反应物质量较多时的反应容器,反应物易混合均匀;也可用来配制溶液	加热时将杯壁擦干,并放置在石棉网上,使之受热均匀
圆底烧瓶 平底烧瓶	以容积(mL)表示	用作反应物多且需长时间加热的反应容器。平底烧瓶还可用作洗瓶	加热时应固定于铁架台上并放置在石棉网上;加热前外壁要擦干

续表4.2

仪器	规格	用途	注意事项
铁夹 铁圈 铁架台 持夹 单爪夹 铁圈 铁架台	铁质,有高低、直径大小之分	用于固定或放置反应容器。铁圈还可以代替漏斗架使用	铁夹夹持仪器时,应以仪器不能转动为宜,不可过紧或过松
锥形瓶	以溶剂(mL)表示	反应容器,振荡方便,常用于滴定操作	加热时应放在石棉网上
洗瓶	玻璃或塑料制品,以容积(mL)表示	盛放蒸馏水或其他洗涤液	玻璃洗瓶可置于石棉网上加热。塑料洗瓶装热水时,水温不得超过 60 ℃,不能直接加热
滴瓶 细口瓶 广口瓶	以容积(mL)表示	广口瓶用于盛放固体药品,滴瓶、细口瓶用于盛放液体药品	不能直接加热,盛放碱液时应改用橡胶塞

仪器	规格	用途	注意事项
量筒	以其最大容积（mL）表示	粗略量取一定体积的液体	不能加热,不可做实验（如溶剂、稀释等）容器
容量瓶	以容积(mL)表示	配制准确浓度溶液时用	不能加热,不能代替试剂瓶用来存放溶液
称量瓶	以外径（mm）×高(mm)表示	用于准确称量固体	不能加热
干燥器	以外径（mm）表示,分为普通干燥器和真空干燥器	下室放干燥剂,可保持物品干燥	防止盖子滑动而打碎。烘热的物品待稍冷后才能放入。未冷至室温前要每隔一定时间稍微推开一下盖子,以调节器内气压

续表4.2

仪器	规格	用途	注意事项
移液管　吸量管	以其最大容积（mL）表示	准确移取一定体积的液体时用	不能加热
酸式滴定管　碱式滴定管	滴定管以其最大容积（mL）表示，分为酸式滴定管（玻璃活塞）和碱式滴定管（乳胶管连接的玻璃尖嘴）两种	滴定时用，或用以量取准确体积的液体时用	酸式滴定管装酸性及氧化性溶液。碱式滴定管装碱性及无氧化性溶液。棕色滴定管装见光易分解的溶液
研钵	瓷质，也有玻璃、玛瑙或铁制品，以口径大小表示	研磨固体物质时用。按固体性质和硬度选用不同的研体	不能加热。易爆物质只能轻轻压碎，不能研磨
漏斗　长颈漏斗	以口径（mm）大小表示	用于过滤等操作	不能用火加热
漏斗架	木质或塑料制品，有螺丝，可固定于支架上	过滤时承放漏斗用	固定漏斗板时，不要把它倒放

续表4.2

仪器	规格	用途	注意事项
抽滤瓶　布氏漏斗	布氏漏斗为瓷质,以容积(mL)或口径(cm)大小表示。抽滤瓶为玻璃质,以容积(mL)表示	二者配套使用于无机物制备中晶体或沉淀的减压过滤	不能用火直接加热
螺旋夹　弹簧夹	铁质	沟通或关闭流体的通路。螺旋夹还可以调节流体的流量	应使胶管夹在夹子的中间部位
表面皿	以口径(mm)大小表示	盖在烧杯上防止液体迸溅或作其他用途	不能用火直接加热。直径要略大于所盖容器
蒸发皿	有陶瓷、石英、铂等不同质地,以容积(mL)表示	蒸发液体用。随液体性质不同可选用不同质地的蒸发皿	能耐高温,但高温时不能骤冷。一般放在石棉网上加热,也可直接用火加热
泥三角	由铁丝扭成,套有瓷管或陶土管。有大小之分	灼烧坩埚用	使用前应检查铁丝是否断裂,断裂的不能使用

续表4.2

仪器	规格	用途	注意事项
坩埚	有陶瓷、石英、铁、镍、铂等不同质地,以容积(mL)表示	灼烧固体用。随固体性质不同可选用不同质地的坩埚	可直接用火灼烧至高温。一般忌骤冷、骤热
坩埚钳	铁质,分为一般镀铬和包有铂尖的两种。有长、中、短的不同	夹持坩埚加热;从高温炉中、电炉上取出(或放入)坩埚;夹持热的蒸发皿	使用时,必须用干净的坩埚钳
药勺	由牛角、陶瓷或塑料制成	取固体试剂。有的药勺两端各有一勺,一大一小。根据固体试剂用量和容器口的大小来选用	药勺取出试剂后,应能放入容器口内
石棉网	由铁丝编成,中间涂有石棉,有大、小之分	支撑受热容器	不能与水接触
三脚架	铁制,有高低、直径大小之分	放置较大或较重的加热容器	下面加热灯焰的位置要合适,一般用氧化焰加热。

3. 常用酸、碱的浓度(表 4.3)

表 4.3 常用酸、碱的浓度

试剂名称	密度 (g·cm^{-3})	质量分数 (%)	物质的量浓度 (mol·L^{-1})	试剂名称	密度 (g·cm^{-3})	质量分数 (%)	物质的量浓度 (mol·L^{-1})
浓 H_2SO_4	1.84	98	18	HBr	1.38	40	7
稀 H_2SO_4		9	2	HI	1.70	57	7.5
浓 HCl	1.19	38	12	冰 HAc	1.05	99	17.5
稀 HCl		7	2	稀 HAc	1.04	30	5
浓 HNO_3	1.41	68	16	稀 HAc		12	2
稀 HNO_3	1.2	32	6	浓 NaOH	1.44	41	14.4
稀 HNO_4		12	2	稀 NaOH		8	2
浓 H_3PO_4	1.7	85	14.7	浓 $NH_3·H_2O$	0.91	28	14.8
稀 H_3PO_3	1.05	9	1	稀 $NH_3·H_2O$		3.5	2
浓 $HClO_4$	1.67	70	11.6	$Ca(OH)_2$ 水溶液		0.15	
稀 $HClO_4$	1.12	19	2	$Ba(OH)_2$ 水溶液		2	0.1
浓 HF	1.13	40	23				

4. 一些弱电解质在水溶液中的电离(离解)常数*(表 4.4)

表 4.4 弱电解质在水溶液中的电离常数

酸	温度 t(℃)	K_a	pK_a
硼酸(H_3BO_3)	20	(K_{a1})7.3×10^{-10}	9.14
氰化氢(HCN)	25	4.93×10^{-10}	9.31
碳酸(H_2CO_3)	25	(K_{a1})4.30×10^{-7}	6.37
	25	(K_{a2})5.61×10^{-11}	10.25
次氯酸(HClO)	18	2.95×10^{-8}	7.53
氟化氢(HF)	25	3.35×10^{-4}	3.45
亚硝酸(HNO_2)	12.5	4.60×10^{-4}	3.37**

续表4.4

酸	温度 t(℃)	K_a	pK_a
磷酸(H_3PO_4)	25	(K_{a1})7.52×10^{-8}	2.1
	25	(K_{a2})6.23×10^{-8}	7.21
	18	(K_{a3})2.20×10^{-13}	12.37
硫化氢(H_2S)	18	(K_{a1})9.10×10^{-8}	7.04
	18	(K_{a2})1.10×10^{-12}	11.96
亚硫酸(H_2SO_3)	18	(K_{a1})1.54×10^{-2}	1.81
	18	(K_{a2})1.02×10^{-7}	6.91***
甲酸(HCOOH)	20	1.77×10^{-4}	3.75
醋酸(CH_3COOH)	25	1.76×10^{-5}	4.75
磺基水杨酸	18～25	(K_{a2})4.7×10^{-3}	2.33
($C_6H_3(SO_3H)OHCOOH$)		(K_{a3})4.8×10^{-12}	11.32
碱	温度 t(℃)	K_a	pK_a
氨(NH_3)	25	1.77×10^{-5}	4.75

注：* 数据主要录自 WEST R C. CRC Handbook of Chemistry and Physics[M].63rd ed. Boca Raton：CRC Press,
1982：171-173。

　　** 3.37 是上述手册上的原数据，$-lg(4.6\times10^{-5})$ 应为 3.34。

　　*** 6.91 是上述手册上的原始数据，$-lg(1.02\times10^{-7})$ 应为 6.99。

5. 一些难溶物质的溶度积*（表 4.5）

表 4.5　一些难溶物质的溶度积

难溶物质	化学式	温度 t(℃)	溶度积 K_{sp}
溴化银	AgBr	25	7.7×10^{-13}
氯化银	AgCl	25	1.56×10^{-10}
铬酸银	Ag_2CrO_4	25	9.0×10^{-12}
碘化银	AgI	25	1.5×10^{-16}
氢氧化银	AgOH	20	1.52×10^{-8}
硫化银	Ag_2S	18	1.6×10^{-49}
氢氧化铝**	$Al(OH)_3$	18	1.3×10^{-33}
碳酸钡	$BaCO_3$	25	8.1×10^{-9}

难溶物质	化学式	温度 t(℃)	溶度积 K_{ap}
铬酸钡	$BaCrO_4$	18	1.6×10^{-10}
硫酸钡	$BaSO_4$	25	1.08×10^{-10}
碳酸钙	$CaSO_4$	25	8.7×10^{-9}
氟化钙	CaF_2	19	3.4×10^{-11}
磷酸钙	$Ca_3(PO_4)_2$	25	2.0×10^{-29}
硫酸钙	$CaSO_4$	25	1.96×10^{-4}
硫化镉	CdS	18	3.6×10^{-29}
氢氧化铬**	$Cr(OH)_3$	18~25	6.3×10^{-31}
氢氧化铜	$Cu(OH)_2$	25	5.6×10^{-29}
硫化铜	CuS	18	8.5×10^{-45}
氢氧化亚铁	$Fe(OH)_2$	18	8.0×10^{-16}
氢氧化铁	$Fe(OH)_3$	18	1.1×10^{-36}
硫化亚铁	FeS	18	3.7×10^{-19}
碳酸镁	$MgCO_3$	12	2.6×10^{-5}
氢氧化镁	$Mg(OH)_2$	18	1.2×10^{-11}
氢氧化锰	$Mn(OH)_2$	18	4.0×10^{-14}
硫化亚锰	MnS	18	1.4×10^{-15}
氢氧化镍**	$Ni(OH)_2$	18~25	2.0×10^{-15}
碳酸铅	$PbCO_3$	18	3.3×10^{-14}
二氯化铅	$PbCl_2$	18~25	1.6×10^{-5}
铬酸铅	$PbCrO_4$	18	1.77×10^{-14}
二碘化铅	PbI_2	25	1.39×10^{-8}
氢氧化铅**	$Pb(OH)_2$	18~25	1.2×10^{-15}
硫化铅	PbS	18	3.4×10^{-28}
硫酸铅	$PbSO_4$	18	1.06×10^{-8}
氢氧化亚锡**	$Sn(OH)_2$	18~25	1.4×10^{-28}
硫化亚锡**	SnS	18~25	1.0×10^{-25}

续表4.5

难溶物质	化学式	温度 t（℃）	溶度积 K_{ap}
碳酸锌	$ZnCO_3$	18	1.0×10^{-10}
氢氧化锌	$Zn(OH)_2$	18～20	1.8×10^{-14}
硫化锌	ZnS	18	1.2×10^{-23}

注：* 数据主要录自 WEST R C. CRC Handbook of Chemistry and Physics[M].63rd ed. Boca Raton：CRC Press，1982：242.

** 数据主要录自 DVEN J A. Lange's Handbook of Chemistry[M]. 12th ed. New York：McGraw-Hill Book Company，1979.

6. 标准电极电势*（表4.6）

表 4.6　标准电极电势

电对（氧化态/还原态）	电极反应（氧化态＋ne^- ⇌ 还原态）	标准电极电势 $\varphi^{\ominus}$（V）
Li^+/Li	$Li^+(aq) + e^- \rightleftharpoons Li(s)$	-3.045
K^+/K	$K^+(aq) + e^- \rightleftharpoons K(s)$	-2.924
Ca^{2+}/Ca	$Ca^{2+}(aq) + 2e^- \rightleftharpoons Ca(s)$	-2.76
Na^+/Na	$Na^+(aq) + e^- \rightleftharpoons Na(s)$	-2.7109
Mg^{2+}/Mg	$Mg^{2+}(aq) + 2e^- \rightleftharpoons Mg(s)$	-2.375
Al^{3+}/Al	$Al^{3+}(aq) + 3e^- \rightleftharpoons Al(s)(0.1 \, mol \cdot L^{-1}NaOH)$	-1.706
Zn^{2+}/Zn	$Zn^{2+}(aq) + 2e^- \rightleftharpoons Zn(s)$	-0.7628
Fe^{2+}/Fe	$Fe^{2+}(aq) + 2e^- \rightleftharpoons Fe(s)$	-0.4402
Cd^{2+}/Cd	$Cd^{2+}(aq) + 2e^- \rightleftharpoons Cd(s)$	-0.4026
Co^{2+}/Co	$Co^{2+}(aq) + 2e^- \rightleftharpoons Co(s)$	-0.28
Ni^{2+}/Ni	$Ni^{2+}(aq) + 2e^- \rightleftharpoons Ni(s)$	-0.23
Sn^{2+}/Sn	$Sn^{2+}(aq) + 2e^- \rightleftharpoons Sn(s)$	-0.1364
Pb^{2+}/Pb	$Pb^{2+}(aq) + 2e^- \rightleftharpoons Pb(s)$	-0.1263
H^+/H_2	$H^+(aq) + e^- \rightleftharpoons \frac{1}{2}H_2(g)$	± 0.0000
S/H_2S	$S(s) + 2H^+(aq) + 2e^- \rightleftharpoons H_2S(aq)$	$+0.141$

电对（氧化态/还原态）	电极反应（氧化态$+ne^-\rightleftharpoons$还原态）	标准电极电势 $\varphi^{\ominus}$（V）
Sn^{4+}/Sn^{2+}	$Sn^{4+}(aq)+2e^-\rightleftharpoons Sn^{2+}(aq)$	$+0.15$
SO_4^{2-}/H_2SO_3	$SO_4^{2-}(aq)+4H^+(aq)+2e^-\rightleftharpoons H_2SO_3(aq)+H_2O$	$+0.29$
Hg_2Cl_2/Hg	$Hg_2Cl_2(s)+e^-\rightleftharpoons 2Hg(l)+2Cl^-(aq)$	$+0.2682$
Cu^{2+}/Cu	$Cu^{2+}(aq)+2e^-\rightleftharpoons Cu(s)$	$+0.3402$
O_2/OH^-	$\frac{1}{2}O_2(g)+H_2O+2e^-\rightleftharpoons 2OH^-(aq)$	$+0.401$
Cu^+/Cu	$Cu^+(aq)+e^-\rightleftharpoons Cu(s)$	$+0.522$
I_2/I^-	$I_2(s)+2e^-\rightleftharpoons 2I^-(aq)$	$+0.535$
O_2/H_2O_2	$O_2(g)+2H^+(aq)+2e^-\rightleftharpoons H_2O_2(aq)$	$+0.682$
Fe^{3+}/Fe^{2+}	$Fe^{3+}(aq)+e^-\rightleftharpoons Fe^{2+}(aq)$	$+0.770$
Hg_2^{2+}/Hg	$\frac{1}{2}Hg_2^{2+}(aq)+e^-\rightleftharpoons Hg(l)$	$+0.7986$
Ag^+/Ag	$Ag^+(aq)+e^-\rightleftharpoons Ag(aq)$	$+0.7996$
Hg^{2+}/Hg	$Hg^{2+}(aq)+2e^-\rightleftharpoons Hg(l)$	$+0.851$
NO_3^-/NO	$4H^+(aq)+NO_3^-(aq)+3e^-\rightleftharpoons NO(g)+2H_2O$	$+0.96$
HNO_2/NO	$H^+(aq)+HNO_2(aq)+e^-\rightleftharpoons NO(g)+2H_2O$	$+0.99$
Br_2/Br^-	$Br_2(l)+2e^-\rightleftharpoons 2Br^-(aq)$	$+1.065$
IO_3^-/I_2	$12H^+(aq)+IO_3^-(aq)+10e^-\rightleftharpoons I_2(s)+6H_2O$	$+1.19$
MnO_2/Mn^{2+}	$4H^+(aq)+MnO_2(s)+2e^-\rightleftharpoons Mn^{2+}(aq)+2H_2O$	$+1.208$
O_2/H_2O	$O_2(g)+4H^+(aq)+4e^-\rightleftharpoons 2H_2O(aq)$	$+1.229$
CrO_7^{2-}/Cr^{3+}	$14H^+(aq)+CrO_7^{2-}(aq)+6e^-\rightleftharpoons 2Cr^{3+}(aq)+7H_2O$	$+1.33$
Cl_2/Cl^-	$Cl_2(g)+2e^-\rightleftharpoons 2Cl^-(aq)$	$+1.3588$
MnO_4^-/Mn^{2+}	$8H^+(aq)+MnO_4^-(aq)+5e^-\rightleftharpoons Mn^{2+}(aq)+4H_2O$	$+1.491$
H_2O_2/H_2O	$2H^+(aq)+H_2O_2(aq)+2e^-\rightleftharpoons 2H_2O$	$+1.776$
$S_2O_8^{2-}/SO_4^{2-}$	$S_2O_8^{2-}(aq)+2e^-\rightleftharpoons SO_4^{2-}(aq)$	$+2.0$
F_2/F^-	$F_2(aq)+2e^-\rightleftharpoons 2F^-(aq)$	$+2.87$

注：* 数据主要录自 WEST R C. CRC Handbook of Chemistry and Physics[M].63rd ed. Boca Raton：CRC Press，1982：162-166.

普通化学实验

7. 一些配离子的稳定常数和不稳定常数*（表 4.6）

表 4.7　配离子的稳定常数和不稳定常数

配离子	$K_稳$	$\lg K_稳$	$K_{不稳}$	$\lg K_{不稳}$
$[AgBr_2]^-$	2.14×10^7	7.33	4.677×10^{-8}	-7.33
$[Ag(CN)_2]^-$	1.26×10^{21}	21.1	7.94×10^{-22}	-21.1
$[AgCl_2]^-$	1.10×10^5	5.04	9.09×10^{-6}	-5.04
$[AgI_2]^-$	5.5×10^{11}	11.74	1.82×10^{-12}	-11.74
$[Ag(NH_3)_2]^+$	1.12×10^7	7.05	8.93×10^{-8}	-7.05
$[Ag(py)_2]^+$	1.0×10^{10}	10.0	1.0×10^{-10}	-10.0
$[Ag(S_2O_3)_2]^{3-}$	1.89×10^{13}	13.46	3.46×10^{-14}	-13.46
$[Co(NH_3)_6]^{3+}$	1.29×10^5	5.11	7.75×10^{-6}	-5.11
$[Cu(CN)_2]^-$	1.0×10^{24}	24.0	1.0×10^{-24}	-24.0
$[Cu(NH_3)_2]^+$	7.24×10^{10}	10.86	1.38×10^{-11}	-10.86
$[Cu(NH_3)_4]^{2+}$	2.09×10^{13}	13.32	4.78×10^{-14}	-13.32
$[Cu(P_2O_7)_2]^{6-}$	1.0×10^9	9.0	1.0×10^{-9}	-9.0
$[Cu(SCN)_2]^-$	1.52×10^5	5.18	6.58×10^{-8}	-5.18
$[Fe(CN)_6]^{3-}$	1.0×10^{42}	42.0	1.0×10^{-42}	-42.0
$[FeF_6]^{3-}$	1.04×10^{14}	14.31	4.90×10^{-15}	-14.31
$[HgBr_4]^{2-}$	1.0×10^{21}	2.1	1.0×10^{-21}	-21.0
$[Hg(CN)_4]^{2-}$	2.51×10^{41}	41.4	3.97×10^{-42}	-41.4
$[HgCl]^{2-}$	1.07×10^{15}	15.07	8.55×10^{-16}	-15.07
$[HgI_4]^{2-}$	6.76×10^{29}	29.83	1.48×10^{-30}	-29.83
$[Ni(dmg)_2]$	4.17×10^{17}	17.62	2.40×10^{-18}	-17.62
$[Ni(en)(H_2O)_4]^{2+}$	3.55×10^7	7.55	2.82×10^{-8}	-7.55
$[Ni(en)_2(H_2O)_2]^{2+}$	5.62×10^{13}	13.75	1.78×10^{-14}	-13.75
$[Ni(en)_3]^{2+}$	2.14×10^{18}	18.33	4.76×10^{-19}	-18.33
$[Ni(NH_3)_6]^{2+}$	5.50×10^8	8.74	1.82×10^{-9}	-8.74
$[Zn(CN)_4]^{2-}$	5.0×10^{16}	16.7	2.0×10^{-17}	-16.7
$[Zn(en)_2]^{2+}$	6.76×10^{10}	10.83	1.48×10^{-11}	-10.83
$[Zn(NH_3)_4]^{2+}$	2.87×10^9	9.46	3.48×10^{-10}	-9.46

注：* 数据主要录自 DVEN J A. Lange's Handbook of Chemistry[M]. 12th ed. New York：McGraw-Hill Book Company,1979.

温度一般为 20～25 ℃；$K_稳$、$K_{不稳}$、$\lg K_{不稳}$ 的数据是根据上述 $\lg K_稳$ 的数据换算而得到的。

参考文献

[1] 古映莹,郭丽萍.无机化学实验[M].北京:科学出版社,2013.
[2] 大连理工大学无机化学教研室.无机化学实验[M].2版.北京:高等教育出版社,2004.